AF312622

LE RÈGNE

ANIMAL

PARIS. — IMPRIMERIE DE J. CLAYE
RUE SAINT-BENOÎT, 7.

LE RÈGNE

ANIMAL

(ZOOLOGIE)

PUBLIÉ

A PARIS,

DANS LES DÉPARTEMENTS ET A L'ÉTRANGER,

CHEZ TOUS LES LIBRAIRES.

1856

INTRODUCTION.

La *Zoologie* est la partie de l'histoire naturelle qui a pour objet l'étude des animaux; elle nous fait connaître leur structure, leurs mœurs, leurs habitudes, et les rapports qui existent entre leurs diverses espèces.

Bien qu'il soit difficile de donner une définition exacte et rigoureuse qui puisse s'appliquer à tous les animaux, on entend généralement par *animal : un être qui,* outre la faculté de se nourrir et de se reproduire, *peut sentir et se mouvoir spontanément.*

Les deux premières de ces facultés, la *nutrition* et la *reproduction* sont communes aux végétaux et aux animaux, quoique ne s'opérant pas de la même manière; les deux secondes, le *mouvement spontané* et la *sensibilité,* sont exclusivement réservées à ces derniers; aussi a-t-on nommé les premières *fonctions végétatives,* et les autres *fonctions animales.*

Les instruments naturels à l'aide desquels s'exécutent les *fonctions* des animaux sont appelés *organes;* et lorsque plusieurs organes concourent à une même fonction, leur réunion prend le nom d'*appareil.*

Ainsi, dans la catégorie des animaux qu'on appelle *vertébrés,* la *bouche,* le *pharynx,* l'*œsophage,* l'*estomac,* etc., organes de la digestion, forment ensemble l'*appareil digestif,* comme les *poumons,* la *trachée-artère* et les *bronches,* organes de la respiration, composent ce que l'on appelle l'*appareil respiratoire.*

Chez les animaux, la *vie* dépend de certains actes essentiels.

Il faut que l'animal *se nourrisse,* c'est-à-dire qu'il apporte incessamment de nouveaux matériaux aux éléments divers qui composent tous ses organes. Ces éléments sont : la *peau,* la *chair,* les *vaisseaux,* les *fibres,* les *muscles,* les *nerfs,* les os et les *cartilages.*

A ces éléments de l'organisation il faut encore joindre le **sang,** ou liquide nourricier, qui entretient la vie dans les organes, en fournissant incessamment aux tissus qui les composent leurs principes constitutifs; c'est à l'aide du sang que le corps peut réparer les pertes qu'il subit à chaque instant.

Le phénomène de la circulation du sang, combiné avec celui de la respiration, est donc l'un des plus importants de la vie des animaux. *L'appareil circulatoire* se compose du *cœur,* des *artères,* des *veines* et des *vaisseaux capillaires.*

Le *cœur* est une poche musculeuse destinée à mettre en circulation le sang, que les *artères* portent dans toutes les parties du corps. Les *veines* sont des vaisseaux qui ramènent au cœur le sang de toutes les parties du corps; les *vaisseaux capillaires,* sont des canaux d'une très-grande ténuité; placés dans l'épaisseur des organes, ils font communiquer directement les artères avec les veines.

La respiration est une fonction qui a pour but d'opérer, par l'action de l'air, la transformation du sang veineux impropre à entretenir la vie en sang artériel, qui possède toutes les qualités vivifiantes.

On distingue quatre modes de respiration : 1° la respiration par les *poumons,* qui appartient aux mammifères, aux oiseaux et aux reptiles; — 2° la respiration par les *branchies,* qui est propre à tous les animaux aquatiques, et dont nous nous occuperons en son lieu; — 3° la respiration par les *trachées,* que l'on observe chez les insectes; — 4° et la respiration *cutanée* ou *au moyen de la peau,* que possèdent certains animaux à organisation très-simple, dernier degré de l'échelle animale, et qui semblent être le trait d'union entre la vie animale et la vie végétative.

On entend par *fonctions animales,* ou *de relation,* celles qui ont pour objet de mettre les animaux en rapport avec le monde extérieur. Ces fonctions présentent deux ordres de phénomènes distincts: le *mouvement volontaire* et la *sensibilité.*

Les organes du mouvement sont de deux ordres : les organes *passifs,* qui sont les os, — et les organes *actifs,* qui sont les muscles.

La *sensibilité* s'exerce par le *système nerveux,* dont le centre est composé du *cerveau,* du *cervelet* et de la *moelle épinière,* d'où partent les *nerfs* pour se répandre par tout le corps.

Le cerveau est le siége des sensations, de l'intelligence et de la volonté : le cervelet est le régulateur des mouvements; la moelle épinière et les nerfs qui y prennent naissance transmettent les impressions et concourent aux mouvements.

Outre le système nerveux, l'appareil de la sensibilité comprend encore certains organes spéciaux nommés *organes des sens*, au moyen desquels l'animal perçoit et apprécie les propriétés des corps qui l'environnent.

Chez la plupart des animaux, les sens sont au nombre de cinq, savoir : le *toucher*, — le *goût*, — l'*odorat*, — la *vue* — et l'*ouïe*.

La *voix* est la faculté que possèdent certains animaux de produire des sons qui servent de moyens d'expression et de communication : elle se forme dans le larynx. L'homme est le seul qui possède la faculté de modifier, au moyen de mouvements combinés de la langue, de la mâchoire et des lèvres, les sons de sa voix, de manière à former des mots pour exprimer ses pensées : lui seul est donc doué de la *parole;* car il ne faut pas confondre la parole avec le *cri*, sorte de langage instinctif commun à l'homme et aux animaux, qui sert à exprimer les sensations vives, agréables ou douloureuses.

Il existe dans l'ensemble du règne animal deux types fondamentaux, auxquels viennent se réduire toutes les formes, quelles qu'elles soient, des êtres animés, ce sont :

Les animaux doués d'une charpente solide intérieure ou *squelette;*

Les animaux qui sont dépourvus intérieurement d'un squelette.

Les animaux appartenant à la première catégorie ont reçu le nom d'ANIMAUX VERTÉBRÉS.

Ceux de la seconde ont été appelés ANIMAUX INVERTÉBRÉS.

La généralité des animaux est renfermée dans ces DEUX GRANDS EMBRANCHEMENTS.

Mais le nombre des animaux divers qui peuplent la surface du globe est si grand que, pour en faciliter l'étude, il a été indispensable d'établir parmi eux des divisions et des subdivisions; et chacun des groupes ainsi formés a dû être désigné par un nom particulier, et être caractérisé de manière que l'on pût toujours reconnaître avec certitude les individus de chaque groupe.

On a donc partagé le règne animal en *embranchements*, lesquels ont été divisés en *classes ;* les classes se sont subdivisées en *ordres*, les ordres en *familles*, les familles en *tribus*, les tribus en *genres*, les genres en *espèces*, qui elles-mêmes ne sont que des réunions *d'individus.* Pour mieux faire comprendre toutes ces divisions nous les avons réunies dans le tableau suivant :

TABLEAU EMBRASSANT L'ENSEMBLE DU RÈGNE ANIMAL.

EMBRANCHEMENTS ET GROUPES PRINCIPAUX.			CLASSES ET ORDRES.	
VERTÉBRÉS.	à sang chaud.	Vivipares. Poils.......	MAMMIFÈRES....	(formant 9 ordres).
		Ovipares. Plumes......	OISEAUX.........	— 6 —
	à sang froid..	Respiration *pulmonaire.*	REPTILES.........	— 4 —
		— *branchiale..*	POISSONS.........	(divisés en 2 groupes, formant 9 ordres).
INVER-TÉBRÉS.	MOLLUSQUES...	à tête nus...........	MOLLUSQUES NUS..	Ex. : Seiche, poulpe, limace.
		à tête à coquille univalve........	TESTACÈS........	— Escargots, porcelaines.
		sans tête. — A coquille composée..........		— Huîtres, moules.
	ARTICULÉS.....	Pas de membres......	ANNÉLIDES........	Tous les *vers.* Ex. : *sangsue.*
		Croûte sur le corps....	CRUSTACÉS........	Ex. : Homard, écrevisse.
		Pattes et ailes, après métamorphose.........	INSECTES.........	— Mouches, papillons.
		Jamais d'ailes. 8 pattes.	ARACHNIDES.......	— Araignées, scorpions.
	ANIMAUX RAYONNÉS OU ZOOPHYTES........		ÉCHINODERMES....	— Oursins, étoiles de mer.
			VERS INTESTINAUX.	— Ténia, ou ver solitaire.
			ACALÈPHES.......	— Orties de mer.
			POLYPES.........	— Coraux, éponges.
			INFUSOIRES.......	— Animaux microscopiques.

ZOOLOGIE

ANIMAUX VERTÉBRÉS.

Caractères généraux des Vertébrés.

De tous les êtres animés, les animaux vertébrés sont ceux dont les facultés sont les plus variées et les plus parfaites, ceux dont les organes sont les plus nombreux et les plus compliqués.

L'existence d'un squelette intérieur, dont toutes les pièces sont liées ensemble, donne à leurs mouvements une vigueur et une précision qu'on ne voit pas chez les autres animaux.

La colonne vertébrale, qui renferme le cerveau, le cervelet et la moelle épinière, siége du système nerveux, est le caractère le plus remarquable de cet embranchement ; c'est la portion du squelette qui ne manque jamais, qui varie le moins d'un animal à l'autre, et qui est en même temps la plus importante de toutes ; c'est pour cette raison que ces êtres ont reçu le nom commun d'*animaux vertébrés.*

Les sens sont toujours, chez eux, au nombre de cinq, et les organes qui en sont le siége présentent, à peu de chose près, la même disposition que chez l'homme.

Leur sang est toujours rouge et circule dans des vaisseaux appelés veines et artères. Il est toujours mis en mouvement par un cœur charnu ; mais la conformation du cœur varie dans les différentes classes de cet embranchement, ainsi que la marche du sang dans l'appareil circulatoire.

La respiration a toujours lieu dans un appareil particulier

situé à l'intérieur du corps ; mais elle est tantôt aérienne, c'est-à-dire *pulmonaire*, tantôt aquatique : alors les poumons sont remplacés par des *branchies*.

Les animaux vertébrés sont d'abord divisés en :

1° Vertébrés à sang *chaud*, — 2° Vertébrés à sang *froid*.

Les *vertébrés à sang chaud* sont *vivipares* (c'est-à-dire qu'ils produisent leurs petits vivants, au sortir du sein de la mère), — ou *ovipares* (c'est-à-dire qu'ils produisent des œufs d'où naissent leurs petits).

De là deux grandes divisions :

Les *mammifères*, pourvus de mamelles pour allaiter leurs petits ; et les *oiseaux*, qui, naissant dans un œuf, y trouvent pendant les premiers jours de leur existence une substance analogue au lait des mammifères.

Les *vertébrés à sang froid* sont tous *ovipares*.

Ils respirent par les poumons ou par les branchies. Ceux qui respirent par les poumons sont généralement *amphibies*, c'est-à-dire qu'ils peuvent vivre indistinctement dans l'eau ou sur la terre : ce sont les *reptiles*. Ceux qui respirent au moyen de branchies vivent toujours dans l'eau : ce sont les *poissons*.

Nous trouvons, par conséquent, que le premier embranchement du règne animal se divise en quatre classes : *mammifères*, — *oiseaux*, — *reptiles*, — *poissons*.

Nous allons nous occuper successivement de chacune d'elles.

PREMIÈRE CLASSE DES VERTÉBRÉS.

MAMMIFÈRES.

La classe des *mammifères* se compose de l'homme et de tous les animaux qui lui ressemblent le plus par les points importants de leur organisation ; elle nous intéresse plus que toutes les autres, car elle nous fournit les animaux les plus utiles, soit pour notre nourriture, soit pour nos travaux, soit pour les besoins de notre industrie ; elle se place donc naturellement en tête du règne animal.

Ce qui distingue les mammifères, c'est un *corps symé-trique*, c'est-à-dire composé de trois parties : la *tête*, — le *tronc* et les *membres*. Les membres sont toujours au nombre de deux paires.

Il y a cependant à ces règles générales quelques exceptions que nous ferons connaître plus loin.

La classe des mammifères se divise d'abord en trois groupes principaux, distingués par la conformation des doigts : ce sont les *onguiculés*, — les *ongulés*, — les *ichthyoïdes*.

Les *onguiculés* comprennent tous les mammifères dont les doigts sont distincts les uns des autres, mobiles et garnis d'ongles ou de griffes qui n'enveloppent pas entiè-rement l'extrémité de ces doigts : l'homme, le chien, le lion, etc.

Les *ongulés* comprennent tous les mammifères dont les doigts, plus ou moins soudés entre eux, sont enveloppés à leur extrémité dans des étuis en corne nommés *sabots :* le cheval, le bœuf, etc.

Les *ichthyoïdes*, dont le nom signifie *qui a l'apparence d'un poisson*, sont les mammifères qui ne vivent que dans l'eau et dont les doigts, réunis par des membranes, forment de véritables nageoires : la baleine, le cachalot, etc.

Ces trois groupes se subdivisent ensuite en neuf ordres caractérisés par la forme des membranes et par le *système dentaire*.

Remarquons ici qu'on observe, dans un système dentaire complet, trois sortes de dents :

Les *incisives* tranchantes, en avant de la mâchoire ;

Les *canines*, ordinairement aiguës, sur les côtés ;

Et les *molaires* ou grosses dents, au fond de la mâchoire.

Les animaux *onguiculés* forment six ordres, savoir : les *bimanes*, — les *quadrumanes*, — les *carnassiers*, — les *marsupiaux*, — les *rongeurs*, — et les *édentés*.

Les *ongulés* forment deux ordres : les *pachydermes* — et les *ruminants*.

Les *ichthyoïdes* ne forment qu'un seul ordre : les *cétacés*. Le tableau suivant fera connaître les caractères distinctifs de chacun de ces ordres et permettra de les embrasser d'un seul coup d'œil.

TABLEAU DE LA DIVISION DES MAMMIFÈRES EN NEUF ORDRES.

ONGUICULÉS.

Doigts séparés, mobiles, et terminés par des ongles distincts......	3 sortes de dents ou système dentaire complet..	Pouce opposable ou main...........	Aux membres antérieurs seulement.	1° Bimanes.
			Aux membres antérieurs et postérieurs...........	2° Quadrumanes.
		Pouce non opposable ou pied.........	Pas de poche sous l'abdomen.	3° Carnassiers.
			Une poche sous l'abdomen.	4° Marsupiaux [1].
	Système dentaire incomplet ou pas de dents.......	5 incisives très-grandes et très-tranchantes à chaque mâchoire.............		5° Rongeurs.
		Pas d'incisives.............		6° Édentés.

ONGULÉS.

| Doigts soudés, enveloppés dans un sabot............ | Estomac simple............. | 1° Pachydermes. |
| | Estomac multiple............. | 2° Ruminants. |

ICHTHYOIDES.

Pas d'ongles, membres antérieurs disposés en nageoires, corps en forme de poisson. (*Ordre unique*). Cétacés.

[1] Les *marsupiaux* sont ainsi nommés à cause d'une *poche* placée sous l'abdomen pour recueillir leurs petits. Leur système dentaire est très-variable ; aussi quelques naturalistes en ont-ils fait une classe à part.

BIMANES.

L'ordre des bimanes se compose d'une seule espèce, l'*homme*, que nous ne mentionnons ici que pour mémoire, un volume de cette collection lui ayant été exclusivement consacré[1].

Bien que le développement admirable de son intelligence et la faculté de la parole semblent en faire un être à part dans la création, l'homme, considéré au point de vue purement scientifique, doit être cependant classé parmi les animaux.

Mais son organisation est bien plus parfaite que celle de tous les autres êtres animés. Les principaux caractères physiques qui le distinguent sont : les *mains*, qui terminent ses membres antérieurs, et dont le pouce a la faculté de s'opposer aux autres doigts, de manière à former avec eux un angle droit ; l'*attitude verticale* et le *don de la parole*.

L'homme est donc le seul des êtres créés qui soit *bipède* et *bimane*, c'est-à-dire qui ait deux pieds et deux mains, qui puisse *toujours marcher sur deux pieds*, et qui *parle*.

Il n'existe dans le genre humain qu'une espèce, puisque tous les hommes sortent de la même souche, Adam ; mais à la longue il s'est formé parmi les individus de cette espèce des différences remarquables de couleur et de conformation extérieure, qui ont fait admettre cinq *races* ou *variétés* de l'espèce humaine ; ce sont : la *race japétique*, — *neptunienne*, — *mongole*, — *prognatique*, — et *occidentale*.

[1] Voir l'*Homme physique et moral*, nᵒ 23 de notre BIBLIOTHÈQUE DES FAMILLES

Palais des Singes (*Jardin des Plantes, de Paris.*)

QUADRUMANES.

L'ordre des quadrumanes se compose d'un grand nombre d'animaux qui, plus que tous les autres mammifères, ressemblent à l'homme, et qui sont principalement caractérisés par l'existence de *mains* à l'extrémité de leurs quatre membres, d'où leur vient le nom de *quadrumanes*.

Cet ordre se divise en trois familles : les *singes*, les *ouistitis* et les *makis*.

1re *famille.* — SINGES PROPREMENT DITS.

Les *singes* ont les dents incisives au nombre de quatre à chaque mâchoire, et les ongles plats à tous les doigts. Un poil long et soyeux recouvre toutes les parties de leur corps, à l'exception de la face et de la paume des mains. Ils se nourrissent de fruits, et habitent les forêts situées dans les contrées

les plus chaudes du globe, principalement les régions inter-
tropicales des deux continents.

« Je l'avoue, dit Buffon, si l'on ne devait juger que par la
forme, l'espèce du singe pourrait être prise pour une variété
de l'espèce humaine : le Créateur n'a pas voulu faire pour le
corps de l'homme un modèle absolument différent de celui de
l'animal; il a compris sa forme, comme celle de tous les animaux, dans un plan général; mais en même temps qu'il lui a
départi cette forme matérielle semblable à celle du singe, il
a pénétré ce corps animal de son souffle divin. Quelque ressemblance qu'il y ait donc entre l'homme le plus disgracié,
le Hottentot, par exemple, et le singe, l'intervalle qui les sépare est immense, puisqu'à l'intérieur il est rempli par la
pensée et au dehors par la parole. »

Les singes se subdivisent en deux tribus : les *singes de
l'ancien continent* — et les *singes du nouveau continent*.

Les *singes de l'ancien continent* ont les yeux portés en
avant, les narines séparées par une cloison très-mince, dix
molaires à chaque mâchoire, des *abajoues*, espèce de poches
dans la bouche, et des *callosités* aux fesses. Ils comprennent

plusieurs genres, dont les principaux sont : les *orangs*, les *chimpanzés*, les *gibbons*, les *macaques* et les *cynocéphales*, ou singes à tête de chien.

Les *singes du nouveau continent* ont les yeux dirigés obliquement, six molaires de chaque côté et à chaque mâchoire, les narines séparées par une large cloison et ouvertes sur les côtés du nez ; ils n'ont point d'*abajoues* ni de *callosités* aux fesses ; enfin, caractère exclusif à cette tribu, leur queue est souvent *prenante*, c'est-à-dire qu'ils peuvent, en roulant cet appendice autour d'une branche d'arbre, se suspendre complétement ainsi et se balancer en l'air.

Ils forment deux groupes, suivant que leur queue est *prenante* ou ne l'est pas : ce sont les *sapajous* et les *sagouins*.

2e *famille*. — OUISTITIS.

Ce qui distingue uniquement les *ouistitis* des *singes* proprement dits, avec lesquels on les a longtemps confondus, c'est que leurs ongles sont pointus et en forme de griffes : pour le reste de leur organisation, ils rentrent dans la famille des singes ; mais une particularité digne de remarque, c'est que, appartenant au Nouveau-Monde, le ouistitis diffèrent moins des singes de l'ancien continent que de ceux d'Amérique. En effet, ils ont, comme les premiers, vingt dents molaires seulement, tandis que les autres en ont vingt-quatre.

3e *famille*. — MAKIS.

Les *makis* ont les dents incisives plus nombreuses que les singes et les ouistitis, et se rapprochent beaucoup plus sous ce rapport des animaux carnassiers, dont nous allons nous occuper. Ils ont les ongles plats, excepté celui des deux premiers doigts de derrière, qui est pointu et relevé.

Les makis habitent exclusivement la grande île de Madagascar, où on les apprivoise facilement. On les dresse pour la chasse comme nous avons dressé le chien.

Un genre de cette famille a été appelé *maki à tête de renard*, à cause de la forme allongée de son museau.

Loge des animaux carnassiers (*Jardin des Plantes*).

CARNASSIERS.

Les animaux de ce troisième ordre des mammifères ont les doigts terminés par des griffes, mais ils n'ont plus le pouce opposable et libre ; l'extrémité de leurs membres est donc terminée par une *patte* ou *pied*, et non plus par une *main*. Leur système dentaire est complet, et leur nourriture se compose presque exclusivement de matières animales. Les mâchoires sont articulées, de manière à ne point permettre de mouvements latéraux semblables à ceux qu'on observe chez les animaux qui se nourrissent de matières végétales. Comme ils ont presque toujours à combattre une proie vivante, ils possèdent une grande force de mâchoires, et les muscles qui leur servent à rapprocher ces organes sont très-gros, ce qui donne beaucoup de largeur à la tête de ces animaux.

L'odorat est chez eux très-développé, et leur sert à décou-

vrir leur proie à des distances souvent fort grandes. Ces animaux sont généralement vigoureux, souples et agiles.

On les divise en trois familles, qui sont : les *chéiroptères*,
— les *insectivores* — et les *carnivores*.

1.re *famille*. — LES CHÉIROPTÈRES.

Les chéiroptères (*mains ailées*) ou chauves-souris sont
munis d'une sorte d'ailes formées par une large membrane
étendue entre leurs membres antérieurs et postérieurs, ainsi
qu'entre leurs doigts, démesurément allongés; ce qui leur
permet de se soutenir et de voler dans les airs comme les
oiseaux.

Quelques animaux de cette famille ont à la place des *ailes*
une espèce de grande voile formée par un repli de la peau,
et qui, étendue et mise en mouvement par les membres de
l'animal, remplit l'office de *parachute* à l'aide duquel ils
peuvent se soutenir en l'air, lorsqu'ils s'élancent d'un point
élevé.

De là deux tribus : les *chauves-souris* proprement dites —
et les *galéopithèques.*

2.e *famille*. — LES INSECTIVORES.

Cette famille se compose des mammifères carnassiers qui
ne se nourrissent que d'insectes. Ce sont des animaux faibles
et de petite taille qui, pendant le jour, se cachent dans des
trous ou des *terriers*, dont ils ne sortent que le soir; pour
la plupart ils passent l'hiver en léthargie.

Deux tribus composent cette famille : les *marcheurs* et les *fouisseurs*.

Les *marcheurs* comprennent deux genres principaux : les *hérissons*, dont le caractère principal est qu'au lieu de

poils leur corps est couvert de piquants roides et aigus ; et les *musaraignes*, animaux très-petits dont le corps est couvert de poils, accompagnés d'une petite bande de soies roides, entre lesquelles suinte une humeur odorante.

Parmi les *fouisseurs*, on compte les *taupes*, qui vivent dans la terre, où elles se creusent des galeries au moyen de leurs ongles et de leur museau. Les yeux de cet animal sont si petits qu'on a prétendu qu'il était aveugle.

3e *famille.* — LES CARNIVORES.

Cette famille comprend les animaux féroces proprement dits et ceux qui se nourrissent essentiellement de la chair d'autres animaux. Leur système dentaire est complet ; leurs doigts, bien distincts, sont terminés par des griffes qui, chez certaines espèces, sont *rétractiles*, c'est-à-dire peuvent se retirer sous la peau, de manière à faire, comme on dit vulgairement, *patte de velours*, exemple le *chat*.

Les mammifères carnassiers ou carnivores se divisent en trois tribus d'après la manière dont ils appuient le pied sur le sol : les *plantigrades*, — les *digitigrades* — et les *amphibies*.

TRIBU DES PLANTIGRADES.

Ces mammifères ont cinq doigts à chaque pied et appuient toute la plante du pied sur le sol en marchant, d'où leur est venu le nom de *plantigrades*, qui signifie marchant sur la plante des pieds.

Les plantigrades ont la démarche lente et lourde; ils mènent une vie triste, souterraine et souvent nocturne; dans les pays froids, ils passent l'hiver en léthargie.

Les genres les plus remarquables de cette tribu sont les *ours*, — les *ratons*, — les *blaireaux* — et les *gloutons*.

Les *ours* sont ces animaux à corps trapu, à membres

épais et à queue très-courte que tout le monde connaît; leurs allures sont très-lourdes, mais ils ont une force prodigieuse et beaucoup d'intelligence. Ils sont *omnivores*, c'est-à-dire qu'ils se nourrissent indistinctement de tout ce qu'ils rencontrent. Ils sont très-friands de miel, et vont dévaliser les ruches pour se le procurer.

Les espèces les plus remarquables sont : l'*ours brun*, celui que les bateleurs dressent à divers exercices, il habite les hautes montagnes des Pyrénées et des Alpes : — et l'*ours blanc*, qui habite les régions glacées de notre hémisphère, le long de la mer, où il se nourrit de poissons. Il nage et plonge avec une étonnante facilité et vit par troupes, ce qui le distingue de l'ours brun qui est toujours solitaire. Il passe l'hiver enseveli en léthargie sous les glaces.

Les *ratons* ressemblent beaucoup à de petits ours qui auraient une queue longue; ils habitent les forêts de l'Amérique. Une espèce de cette tribu se distingue par le singulier instinct de ne manger aucun aliment avant de l'avoir plongé dans l'eau.

Les *blaireaux* sont des animaux nocturnes, à marche rampante, à queue très-courte; leurs doigts sont engagés

dans la peau. Leurs ongles de devant, disposés pour fouir les terres, les rapprochent beaucoup des *fouisseurs*. Ils se distinguent par une poche située sous la queue, d'où suinte une humeur grasse et fétide. Leurs poils sont longs et soyeux et ont la propriété de ne point se feutrer; aussi servent-ils à la fabrication des pinceaux à barbe et pour la peinture.

Les *gloutons* ressemblent beaucoup aux blaireaux, mais ils sont plus carnassiers; leur nom leur vient de leur prodigieuse voracité, qui les excite à s'attaquer à des animaux souvent plus grands et plus forts qu'eux.

TRIBU DES DIGITIGRADES.

Ce nom signifie *qui marche sur les doigts*; cette disposition des pieds, qui caractérise cette sorte d'animaux, leur permet une course légère et rapide. Ce sont les plus cruels de l'ordre des carnassiers. On distingue divers genres dans cette tribu; le tableau suivant permettra au lecteur de les embrasser tous d'un seul coup d'œil. La division que nous adoptons est basée généralement sur la conformation de leurs pattes :

GENRES.

DIGITIGRADES ayant les ongles...

- *Non rétractiles* et les doigts au nombre de
  - 5 partout et....
    - Libres vers le bout. Ongles..
      - Aigus; dents fausses molaires au nombre de.
        - 3 en haut, 4 en bas de chaque côté. .... — 1° Martre.
        - 2 en haut, 3 en bas de chaque côté. .... — 2° Putois.
      - Longs, obtus et conformés pour fouir.................. — 3° Moufflettes.
    - Réunis jusqu'au bout par une palmure..... — 4° Loutre.
  - Cinq en avant et quatre en arrière................. — 5° Chien.
  - Quatre partout.......................... — 6° Hyène.
- *Semi-rétractiles.* Et une poche odorifère sous la queue............. — 7° Civette.
- *Rétractiles*.......................... — 8° Chat.

En tout, huit genres se divisant en un nombre infini d'espèces, dont nous indiquons les principales à la page suivante :

Dans le genre *martre* on distingue : la *martre commune,* — la *fouine,* — la *romaine* — et la *martre zibeline,* dont la fourrure est l'objet d'un commerce considérable et la chasse une des plus pénibles qu'on connaisse.

Dans le genre *putois :* le *putois commun,* — le *furet,* — la *belette* — et l'*hermine ;* cette dernière offre cette particularité remarquable qu'elle a deux pelages, l'un brun, en été, et l'autre blanc, en hiver ; c'est de ce pelage d'hiver que nous vient cette fourrure estimée connue sous le nom d'*hermine.*

Les *moufflettes* habitent l'Amérique, et sont célèbres par l'odeur repoussante qu'elles répandent au loin.

Tous ces animaux sont très-sanguinaires, quoique de petite taille, et répandent une odeur plus ou moins forte. Leur corps est long, grêle et bas sur les jambes.

Dans le genre *loutre* on comprend : la *loutre commune* — et la *loutre de mer.* La tête de ces animaux est large et déprimée ; leur pelage est très-épais et fournit une fourrure très-estimée.

Dans le genre *chien,* qui se divise en deux sous-genres bien distincts, les *chiens* — et les *renards,* nous trouvons :

Dans le sous-genre des *chiens* proprement dits : le *chien domestique,* divisé en une infinité d'espèces ; le *loup commun* et le *chacal* ou *loup doré,* qu'on trouve en grand nombre dans les parties chaudes de l'Afrique et de l'Asie.

Dans le sous-genre des *renards,* nous trouvons : le *renard ordinaire,* dont tout le monde connaît les ruses et l'adresse.

Les renards se distinguent des chiens par la queue, longue et touffue ; par la forme du museau, plus allongée, et surtout par la disposition de l'œil, qui est oblique ; ce sont des animaux nocturnes,

Le genre *hyène* se distingue du genre *chien* par quatre doigts à toutes les pattes, et par une poche glanduleuse si-

tuée au-dessous de la queue. La *hyène commune* est d'une voracité extrême; elle vit de cadavres et va les chercher jusqu'au fond des tombeaux. Son allure et son cri sont des plus bizarres.

Dans le genre *civette*, nous rencontrons des animaux qui semblent en quelque sorte tenir le milieu entre le chien et le chat, et dont le principal caractère est une poche placée sous la queue et remplie d'une matière grasse dont l'odeur est très-forte et désagréable.

La *civette* proprement dite, — la *genette*, — la *mangouste d'Égypte* ou *rat de Pharaon*, qui n'est autre que le fameux *ichneumon* adoré par les anciens Égyptiens, sont les plus remarquables espèces de ce genre.

Sous le nom de *chat*, les naturalistes comprennent les carnivores les plus fortement armés et ceux dont les ongles sont *rétractiles*.

A la tête de ce genre se place le *lion*, le plus fort des animaux carnassiers. Ce qui le distingue au premier aspect, c'est sa tête carrée, le flocon de poils qui termine sa longue queue, et la crinière qui couvre le cou et les épaules du mâle. Rien de plus terrible que ce superbe animal lorsqu'il s'apprête au combat.

A l'exception de l'éléphant, du rhinocéros, du tigre, de

l'hippopotame et du serpent, aucun autre animal n'ose se
mesurer avec lui.

Viennent ensuite :
Le *couguar* ou *lion d'Amérique* ;
Le *tigre royal* ou *tigre d'Orient*, animal encore plus re-

doutable que le lion, car il l'égale en taille et en force, et le
surpasse en férocité. Son poil est jaune, avec des raies transversales noires,

Le *jaguar* ou *tigre d'Amérique*, que les fourreurs appellent, mais très-improprement, la *grande panthère*;

La *panthère;* les taches noires de son pelage fauve ont la forme de roses; le *léopard*, qui ressemble beaucoup à la panthère; le *lynx*, dont la vue perçante est passée en pro-

verbe; et le *chat domestique*, connu de tout le monde.

TRIBU DES AMPHIBIES.

Ces animaux se tiennent ordinairement dans la mer, mais ils sont obligés de venir de temps en temps se reposer à terre; ce genre de vie leur a valu le nom d'*amphibies*. Ils ont les pieds si courts que sur terre ils ne peuvent que ramper; mais comme leurs doigts sont reliés par des membranes, que leurs poils sont ras et leur échine très-mobile, ils sont excellents nageurs.

Deux genres seulement composent cette tribu : — les *phoques*, dont la tête ronde et assez semblable à celle du chien les a fait nommer *chiens de mer*, — et les *morses* qui se distinguent des phoques par deux énormes canines implantées dans la mâchoire supérieure ; elles se dirigent en bas comme des défenses et atteignent jusqu'à soixante centimètres de longueur. Le morse se sert de ses dents pour se fixer sur les rochers avant de s'endormir.

Quatrième ordre des ongulculés,

MARSUPIAUX.

Ces animaux se distinguent de tous les autres mammifères par la présence d'une poche qu'ils portent sous le ventre et au fond de laquelle sont les mamelles. Cette poche leur sert à loger leurs petits encore très-jeunes.

Ces animaux sont *omnivores*, c'est-à-dire qu'ils se nourrissent de tout ce qu'ils trouvent.

Cet ordre forme six familles, dont les principaux genres sont la *sarigue*, — les *phalangers* — et les *kanguroos*, animaux grimpeurs pour la plupart.

Cinquième ordre des ongulculés.

RONGEURS.

Une taille généralement petite, deux longues et fortes dents sur le devant de chaque mâchoire, un espace libre, puis les molaires au fond, tels sont les traits caractéristiques de cet ordre nombreux qui comprend deux familles : les *rongeurs claviculés* — et les *rongeurs sans clavicule*.

1ʳᵉ *famille.* — RONGEURS CLAVICULÉS.

Les genres qui composent cette famille sont fort nombreux ;
c'est à elle qu'appartiennent les *écureuils,* les *marmottes,* les
loirs, les *rats* et les *castors.*

Ce dernier animal est remarquable par sa queue ovale et

couverte d'écailles, et par l'instinct qu'il montre en construi-
sant au bord des eaux des huttes ingénieuses. La vie du
castor est essentiellement aquatique. Son corps est long de
soixante à soixante-dix centimètres ; sa peau, d'un brun roux,
est très-estimée pour la fabrication des chapeaux. Le castor
abonde en Amérique et dans le nord de l'Asie, où il vit en
société.

Petits, vifs, gracieux, agiles et adroits, les *écureuils* sont
faciles à reconnaître à leur superbe queue en éventail. La
grande hauteur de leur train de derrière en fait des animaux
sauteurs.

Les *rats* sont trop connus pour que nous fassions autre
chose que les nommer en passant.

2ᵉ *famille.* — RONGEURS SANS CLAVICULE.

Les principaux genres de cette famille sont : le *porc-épic,*
qui ressemble beaucoup au hérisson par les piquants roides
qui garnissent son corps ; — le *lièvre,* — le *lapin,* — le *cochon d'Inde,* — et les *agoutis,* qui dans l'Amérique méridionale sont très-estimés pour la délicatesse de leur chair.

Sixième ordre des onguiculés.

ÉDENTÉS.

Ces animaux manquent de dents incisives et de canines, et quelquefois même n'ont pas de dents ; ils se nourissent d'insectes et de substances végétales. Lourds et paresseux, vivant dans des terriers d'où ils ne sortent que la nuit, les édentés ont des ongles volumineux qui enveloppent l'extrémité de leurs doigts et établissent la transition des onguiculés aux ongulés qui viennent immédiatement après. Nous citerons dans cet ordre : le *paresseux*, ainsi nommé à cause de l'extrême lenteur de sa marche ; — le *tatou*, dont le corps est cuirassé par une espèce d'enveloppe calcaire, — et le *pangolin*, qui est couvert d'écailles imbriquées et tranchantes.

Premier ordre des ongulés.

PACHYDERMES.

Dans cet ordre se trouvent les plus gros mammifères terrestres. Tous les animaux qui le composent sont herbivores. Leurs doigts sont enveloppés dans des sabots dont le nombre varie ; leur *peau*, à deux exceptions près, est nue et très-*épaisse :* de là leur nom.

Les *pachydermes* se divisent en deux tribus ; la première comprend les *pachydermes à trompe ;* la seconde les *pachydermes sans trompe.*

L'*éléphant* est le seul animal qui appartienne à la première tribu. Il porte à la mâchoire supérieure deux énormes *défenses* qui occupent la place des dents incisives et qui se composent de la matière connue sous le nom d'*ivoire*. La *trompe*, qui n'est autre chose que le prolongement du nez, est pour l'éléphant une sorte de main, douée d'une grande force et d'une dextérité singulière.

Dans l'état sauvage l'éléphant n'est ni sanguinaire ni féroce : il est d'un naturel doux, et jamais il ne fait usage de ses armes ou de sa force que pour se défendre lui-même ou pour protéger ses semblables.

Il a les mœurs sociables et s'apprivoise aisément ; ses aliments ordinaires sont des racines, des herbes, et des feuilles.

Dans la seconde tribu des pachydermes on rencontre des animaux qui ont quatre sabots à chaque extrémité, et sont appelés, pour cette raison, *fissipèdes*. Les *solipèdes*, au contraire, n'ont qu'un sabot.

Parmi les fissipèdes on remarque :

L'*hippopotame* qui a le corps énorme, les jambes très-

courtes, le museau renflé et la peau presque sans poils ; il a quatre sabots à chaque pied.

Le *sanglier*, souche de notre cochon domestique, a le corps trapu, les oreilles droites, deux défenses coniques recourbées en dehors, le poil hérissé et noirâtre. Son museau se termine en un boutoir tronqué, propre à fouiller la terre.

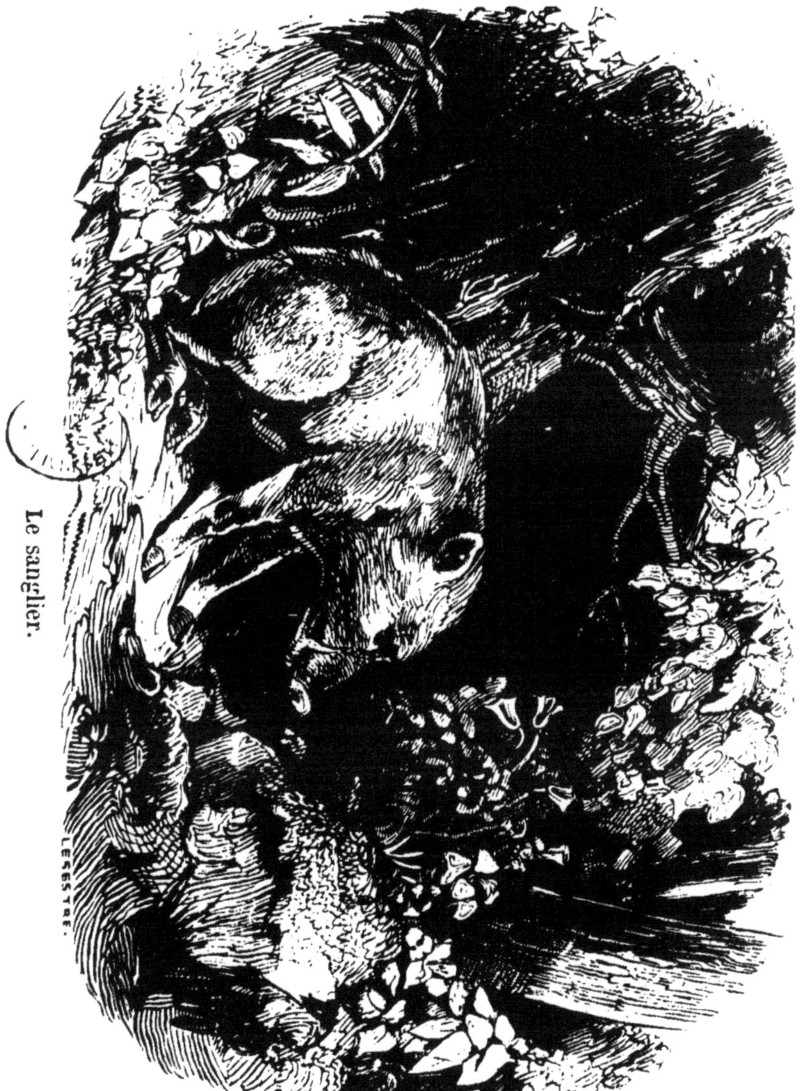

Le sanglier.

Le *rhinocéros* se distingue par l'épaisseur extrême de sa peau et par la corne solide qu'il porte sur le nez. C'est le plus grand des quadrupèdes après l'éléphant ; celui qui a vécu longtemps à la ménagerie de Paris consommait 75 kilogrammes de foin par jour.

Les *damans* ressemblent beaucoup plus aux rongeurs qu'aux autres pachydermes. Leur corps, un peu plus gros que celui d'un fort lapin, est couvert d'un poil épais et soyeux. Ils sont d'un naturel fort doux ; ils vivent sur les rochers, bien qu'ils aiment à grimper sur les arbres.

Les *tapirs* sont de petits animaux qui ressemblent beaucoup au cochon, et dont le museau, plus allongé, se termine par une espèce de trompe.

Le genre des *solipèdes*, c'est-à-dire à un seul sabot, comprend trois espèces principales : le *cheval*, — l'*âne* — et le *zèbre*, joli animal que distinguent des bandes élégantes partageant sa peau soyeuse en zones alternativement blanches et noires.

Le zèbre a la figure et la grâce du cheval, la légèreté du cerf. Il est, en général, plus petit que le cheval et plus grand que l'âne ; et quoiqu'on l'ait souvent comparé à ces deux animaux, qu'on l'ait même appelé *cheval sauvage* et *âne rayé*, il n'est la copie ni de l'un ni de l'autre.

Rotonde (*Jardin des Plantes*).

RUMINANTS.

Par *ruminer*, on entend l'action de ramener les aliments dans la bouche après les avoir avalés une première fois, pour les mâcher encore et d'une manière plus complète. Cette faculté, qui distingue essentiellement les animaux de ce huitième ordre des mammifères, est due à la disposition de leur estomac qui se compose de quatre poches distinctes : la *panse*, — le *bonnet*, — le *feuillet* — et la *caillette*.

Les ruminants sont herbivores. Leur mâchoire inférieure, indépendamment du mouvement de haut en bas commun à tous les mammifères, exécute des mouvements de côté qui ont pour but de faciliter la trituration des aliments.

Leurs pieds sont *fourchus* ou à deux sabots.

Les ruminants se divisent en quatre familles : les *caméliens,* — les *élaphiens,* — les *camélopardaliens* — et les *tauriens.*

1re *famille.* — CAMÉLIENS.

Ce sont les ruminants sans cornes et sans bois. Les genres les plus remarquables sont :

Le *chameau*, qui se distingue par les énormes bosses de

graisse qu'il a sur le dos. La grande sobriété de cet animal, sa patience et la rapidité de sa course font de lui un serviteur bien précieux ; on l'a nommé le *navire du désert ;*

Le *lama*, espèce de chameau sans bosse ;

Lama.

Le *musc*, ou chèvre du Thibet, qui fournit le parfum portant son nom.

2e *famille.* — ÉLAPHIENS.

Cette famille comprend tous les ruminants dont la tête est

ornée de *bois* qui s'élèvent en se ramifiant de chaque côté du front, et s'en détachent après avoir acquis tout leur développement, pour repousser de nouveau.

Dans cette famille se range le genre des *cerfs* qui se subdivise en plusieurs esdèces.

Tous les animaux de ce genre habitent les forêts et sont

très-légers à la course. Les femelles, excepté dans une seule espèce, le *renne*, sont toujours dépourvues de *bois*. Ces femelles portent le nom de *biches*, leurs petits s'appellent *faons*.

Le *cerf commun*, — le *daim*, — le *chevreuil*, — l'*élan* — et le *renne* sont les espèces les plus remarquables du genre cerf.

Les *rennes* vivent en Laponie. La nourriture de ces animaux, pendant l'hiver, est une mousse blanche qu'ils savent trouver sous les neiges en les fouillant avec leur bois. Les plus riches Lapons ont des troupeaux de 4 à 500 rennes. Ces animaux sont doux et sont d'un grand profit pour leurs maîtres. Le lait, la peau, les nerfs, les os, les cornes des pieds, les bois, le poil, la chair, tout en eux est bon et utile.

3e *famille.* — CAMÉLOPARDALIENS.

Des cornes pleines, persistantes, communes aux deux sexes

et recouvertes d'une peau velue; voilà les caractères de cette famille, à laquelle appartient une seule espèce, — la *girafe*.

Cet animal a la peau mouchetée de brun sur un fond blanc; les jambes de devant si élevées que, bien que son cou soit fort long, elle est obligée de les écarter pour pouvoir brouter sa nourriture; aussi la girafe préfère-t-elle la feuille des acacias et les jeunes pousses des frênes qu'elle cueille aux branches de ces arbres.

4e *famille.* — LES TAURIENS.

Les caractères généraux de cette famille sont des cornes creuses, nues et persistantes, composées d'une matière désignée sous le nom de *corne* et qui est analogue aux ongles et aux griffes des carnivores.

Les tauriens sont les animaux les plus utiles à l'homme.

Les principales espèces sont :

Le *bœuf*, dont la femelle est appelée *vache*, et le petit, *veau* ;

Le *mouton*, dont la femelle s'appelle *brebis*, de laquelle naît l'*agneau* ;

Le *bouc*, et la *chèvre*, sa femelle ;

La *gazelle*, à la taille élégante ;

Le *chamois*, qui ne se plaît que sur les rochers ;

L'*antilope*, qui est le type des deux espèces que nous venons de nommer ;

Le *mouflon*, *le yack*, etc. ;

Le *buffle*, qui existe en grand nombre dans les contrées

de l'Afrique, de l'Amérique et des Indes arrosées de rivières et où se trouvent de grandes prairies.

CÉTACÉS.

Par leur forme extérieure, les *cétacés* ressemblent aux poissons; mais ce sont de véritables mammifères, car ils sont *vivipares*, ont le *sang chaud* et respirent par des *poumons*.

Les cétacés, dont quelques-uns atteignent des proportions gigantesques, n'ont pas de membres postérieurs; ceux de devant, très-courts et très-robustes, sont disposés en nageoires. Leur corps, couvert d'une peau nue, se termine par une large nageoire analogue à la queue des poissons; mais cette nageoire est, chez eux, placée horizontalement, tandis qu'elle l'est verticalement chez les poissons.

L'ordre des cétacés se subdivise en deux familles:

Les *cétacés herbivores*, qui peuvent sortir de l'eau pour venir ramper sur le rivage et paître l'herbe, comme les *dugons* et les *lamantins*, — et les *cétacés ichthyophages* ou *mangeurs de poissons*, parmi lesquels nous citerons:

La *baleine*, chez qui les dents sont remplacées par de longues lames de corne nommées *fanons*, qui garnissent la mâchoire supérieure. Cet animal fournit, comme on sait, une grande quantité d'huile qui provient de la couche graisseuse située sous sa peau. Ses *fanons* ne sont autre chose que cette matière élastique connue sous le nom de *baleine*.

Les *cachalots* sont des cétacés dont la tête est fort volumineuse et renflée surtout en avant, dont la mâchoire inférieure seulement est armée de dents. La partie supérieure de l'énorme tête de ces animaux est remplie d'une huile dont on sépare une partie solide, appelée *blanc de baleine,* qui sert à faire de la bougie.

Le *dauphin*, ce prétendu ami de l'homme, est, à proportion de sa taille, le plus carnassier et le plus cruel de tous les cétacés ; il a deux mâchoires armées de dents aiguës.

Le *marsouin* est une variété du genre *dauphin*. Une espèce de marsouin, nommé *épaulard*, fait à la baleine une guerre acharnée ; les épaulards l'attaquent par troupes et la harcèlent jusqu'à ce qu'elle ouvre la bouche, et alors ils lui dévorent la langue.

Les cétacés ichthyophages ont aussi reçu le nom de *cétacés souffleurs*, à cause d'une faculté bizarre qu'ils possèdent :

Ils engloutissent dans leur vaste gueule une grande quantité d'eau lorsqu'ils s'emparent de leur proie ; une disposition

particulière leur permet, tout en conservant leur proie, de se débarrasser de cette eau qu'ils font passer dans les fosses nasales, où elle s'amasse dans un sac particulier ; les muscles qui entourent cette espèce de réservoir, se contractent, la chassent avec violence par les narines percées à la partie supérieure de la tête, de manière à former deux jets qui s'élèvent jusqu'à la hauteur de plusieurs mètres.

Ces narines sont nommées *évents* ; chez les cachalots, les évents sont réunis en une seule ouverture.

Fauconnerie (*Jardin des Plantes.*)

2ᵉ CLASSE DES VERTÉBRÉS.

OISEAUX.

Les oiseaux sont les seuls animaux *ovipares* qui aient le sang chaud. Éminemment *bipèdes*, leur forme générale varie très-peu, et présente toujours les caractères suivants :

Une *tête* très-petite comparativement au reste du corps, terminée en avant par un *bec* formé de deux mandibules cornées, dont la substance dure tient lieu de *dents*; un *cou*, dont les articulations mobiles permettent à la tête de prendre toutes les directions; une *colonne vertébrale* intimement soudée et *immobile*.

Les membres antérieurs, transformés en des espèces de rames appelées *ailes*, permettent à l'animal de s'élever et de se soutenir dans l'air; les membres postérieurs sont terminés par quatre *doigts*, tantôt *libres*, tantôt *palmés*, c'est-à-dire réunis par une membrane lâche; leur corps est couvert de *plumes* au lieu de poils;

A quelques modifications près dans le plumage, dans la

forme et la grandeur du corps, dans la disposition du bec et dans la conformation des pieds, tous les oiseaux offrent une ressemblance parfaite.

On les divise en six ordres, d'après la forme de leur bec et de leurs pieds : les *rapaces* ou oiseaux de proie, — les *passereaux*, — les *grimpeurs*, — les *gallinacés*, — les *échassiers* — et les *palmipèdes*.

RAPACES, ou OISEAUX DE PROIE.

Un bec crochu, dont la pointe est recourbée en bas, des pieds très-forts armés d'ongles crochus et puissants, voilà ce qui caractérise les oiseaux de proie.

Ces oiseaux vivent uniquement de chair; ils pourchassent les autres oiseaux, et même les quadrupèdes faibles et les reptiles; aussi ont-ils pour la plupart le vol très-puissant.

Ils sortent de l'œuf nus et les yeux fermés, et ne peuvent, tant qu'ils sont petits, vivre sans le secours de leur père et de leur mère, qui pourvoient à tous leurs besoins.

Les rapaces forment deux familles : les oiseaux *diurnes* et les oiseaux *nocturnes*, que l'on peut distinguer aux caractères suivants :

RAPACES.

DIURNES... *Yeux* dirigés de côté; *tête* et *cou* proportionnés; *doigt extérieur* dirigé en avant et réuni par sa base, à l'aide d'une petite membrane, au doigt du milieu.

NOCTURNES. *Yeux* dirigés de côté; *tête* grosse et *cou* fort court; *doigt extérieur libre*, c'est-à-dire pouvant se diriger à volonté en avant ou en arrière.

1re *famille.* — OISEAUX DE PROIE DIURNES.

On la divise en trois tribus: les *vautours*, — les *griffons* — et les *faucons*.

RAPACES.

Les *vautours* se reconnaissent à la nudité d'une portion de leur tête et même de leur cou, à la forme de leur bec, qui est allongé et recourbé seulement au bout. Leur aspect est désagréable, et ils exhalent une odeur infecte, parce qu'ils ne se nourrissent que de cadavres ; ils sont extrèmement voraces.

Il y a quatre genres de vautours :

Les *vautours* proprement dits, qui se distinguent par le collier de plumes qui entoure la base de leur cou, par exemple le *vautour fauve ;*

Les **sarcoramphes**, pourvus de deux caroncules ou masses charnues qui s'élèvent au-dessus de la base de leur bec, par exemple : le *roi des vautours*, le *condor* des Andes.

Les **cathartes** et les *percnoptères*, reconnaissables à leur cou emplumé, par exemple le *percnoptère* d'Égypte.

Les **griffons**, qui forment la deuxième tribu, ont le bec très-fort, droit, crochu au bout et renflé sur le crochet. Leur cou est emplumé ; ils ont les narines recouvertes de soies rudes ; un pinceau de soie sous le bec, et les jambes couvertes de plumes jusqu'aux doigts.

Les *faucons*, qui forment la troisième, se distinguent par des sourcils saillants qui font paraître leurs yeux enfoncés.

Cette tribu est très-nombreuse et se divise en plusieurs genres, dont les principaux sont :

Les *faucons* proprement dits; — les *gerfauts*, qui ont les ailes pointues,

Et les *aigles*, les *autours*, les *milans*, les **bondrées** et les *buses*, qui ont les ailes tronquées au bout.

Ces divers genres renferment une infinité d'espèces :

L'*orfraie*, la *pygargue*, l'*émerillon*, la **cresserelle**, l'*éper-vier*, la *harpaye*, etc., etc.

2e *famille*. — OISEAUX DE PROIE NOCTURNES.

Cette famille ne se compose que d'un seul genre, les *hibous*, où sont comprises les différentes espèces des *chouettes*, des *effraies*, des *chats-huants*, des *ducs*, des *chevêches*, etc.

PASSEREAUX.

PASSEREAUX.

Cet ordre renferme tous les oiseaux qui ne sont ni chasseurs, ni nageurs, ni grimpeurs, ni échassiers, ni gallinacés, c'est-à-dire tous ceux qui ne présentent pas les caractères assignés aux cinq autres ordres. On le voit, son caractère se trouve ainsi purement négatif, et consiste en ce qu'on ne peut réunir sous un signalement commun toutes les espèces qui y rentrent.

Cet ordre, extrêmement nombreux, a été divisé en cinq familles, qu'on peut distinguer par les caractères suivants :

1° Mandibule supérieure du bec échancrée sur les côtés près de sa pointe, de manière à figurer des espèces de dents. . . . . DENTIROSTRES.

2° Mandibules sans échancrure ; bec fort et conique. CONIROSTRES.

3° Mandibules sans échancrure ; bec court, large et très-fendu, aplati. . . . . FISSIROSTRES.

4° Mandibules sans échancrure ; bec grêle et allongé. TENUIROSTRES.

> NOTA. — Tous les oiseaux appartenant à ces quatre familles ont le doigt extérieur libre et plus court que le doigt médian, ce qui les distingue des oiseaux de la cinquième famille.

5° Doigt extérieur presque aussi long que le doigt du milieu, auquel il est uni jusqu'à l'avant-dernière articulation. . . . . SYNDACTYLÉS.

1re *famille*. — DENTIROSTRES.

Les oiseaux de cette famille ont, ainsi que l'indique leur nom, le bec *dentelé* à son extrémité. Ils se nourrissent d'insectes, quelquefois de fruits. Les genres les plus remarquables sont :

Les *pies-grièches*, dont le bec est un peu crochu au bout,

et qui comptent cinq espèces différentes. Viennent ensuite :

Les *gobe-mouches*, qui ont le bec tout droit et assez long ;

Les *cotingas*, remarquables par la beauté de leur plumage ;

Les *tangaras*, petits oiseaux, dont les couleurs sont très-variées ;

Les *merles*, qui ont le bec allongé et pointu, mais non crochu. Leur sifflement est très-agréable. A ce genre appartient les *grives*, oiseaux de passage qui nous arrivent par troupes en automne et au printemps : — le *moqueur*, célèbre par l'étonnante facilité qu'il possède d'imiter sur-le-champ tous les sons qu'il entend ; il vit en Amérique ;

Les *cincles* ou merles d'eau : le *cincle plongeur* ;

Les *fourmiliers*, ainsi nommés à cause de leur goût prononcé pour les fourmis, dont ils font surtout leur nourriture ;

Les *loriots*, dont les migrations en Afrique annoncent l'approche de l'hiver ; leur nid, placé dans la fourche d'une branche, est fait en chanvre, laine de moutons, tapissé de plumes et de soies de chenilles, etc.;

Les *lyres*, — les *becs-fins*. Au genre *becs-fins* apprtiennent : les *fauvettes*, — les *roitelets* — et les *farlouses*, ou *alouettes des prés*.

Les *roitelets* sont de petits oiseaux communs en France, très-agiles et peu frileux ; vivant en famille, comme les mésanges, et comme elles se cramponnant aux branches des

Loriot jaune (*Oriolus Galbula*).

arbres pour y chercher leur nourriture. Le *roitelet mous-tache* se distingue des autres oiseaux de cette famille par les couleurs plus éclatantes de son plumage : les plumes supérieures sont d'un roux vif ; les plumes longues et celles de la tête sont d'un rouge de feu très-ardent : un trait d'un noir vif traverse l'œil, bordé au-dessus et au-dessous d'une bande blanche. Ce joli petit oiseau se tient dans les taillis ; sans cesse en mouvement, visitant les gerçures des écorces, fouillant sous les feuilles mortes, se cramponnant aux branches dans tous les sens, il fait entendre un continuel zi, zi, zi, zi, qui décèle sa présence ; il n'est pas méfiant, se laisse approcher de très-près, et l'on peut souvent, le soir, le prendre à la main. Son nid, artistement construit, est suspendu à la bifurcation des branches d'un hêtre ou d'un sapin ; il a la forme d'une boule, et l'ouverture en est dirigée de côté. L'extérieur est tissu de mousse et de fils d'araignée ; l'intérieur est tapissé d'un duvet moelleux sur lequel reposent ses œufs, au nombre de sept à onze, d'un blanc pur.

Le *troglodyte d'Europe* a le corps ramassé, porte la queue

Troglodyte d'Europe (*Troglodytes europæus*).

relevée et vit caché dans les endroits obscurs. les bois et les broussailles. Son plumage est brun, mêlé de blanc et de noir. Cet oiseau se plaît dans le voisinage des habitations.

2ᵉ *famille.* — CONIROSTRES.

Un bec fort et conique distingue cette famille : les *alouettes,*

Tisserin du Bengale (*Loxia bengalensis*).

—les *mésanges,* — les *tisserins,* — les *bruants,* — les *moi*

Mésange à longue queue (*Parus caudatus*) et son nid.

neaux, — les *corbeaux* — et les *oiseaux de paradis* forment autant de genres différents.

Le genre des *moineaux* comprend : les *serins, pinsons, veuves, linottes, gros-becs, bouvreuils, chardonnerets.*

Le *tisserin du Bengale* a les parties supérieures du corps brunes, avec le bord des plumes cendré ; la tête et une partie du cou sont jaunes ; les parties inférieures sont d'un blanc jaunâtre, avec une bande brune sur la poitrine ; le bec est rouge et les pieds sont jaunes. Son nid est construit en fibres végétales ; il a la forme d'une bourse allongée, dont l'industrieux oiseau suspend l'extrémité aux branches supérieures des arbres croissant au bord des fleuves ; il s'ouvre par un orifice inférieur.

3ᵉ *famille.* — FISSIROSTRES.

Deux tribus composent cette famille, dont le caractère physique consiste dans un bec droit, court et fendu très-profondément : ce sont les *fissirostres diurnes* — et les *fissirostres nocturnes.*

La première se compose du genre *hirondelles* remarquable par la longueur des ailes, et qui se subdivise en *hirondelles* proprement dites et en *martinets.*

L'*hirondelle de fenêtre*, noire dessus, blanche dessous ;

Hirondelle.

L'*hirondelle de cheminée*, dont la longue queue est très-fourchue ;

Et l'*hirondelle salangane*, dont le nid fournit aux Chinois un mets qu'ils trouvent si délicieux.

Les *martinets* sont ces oiseaux qui vivent autour de grands édifices, qu'on voit toujours dans les airs, et qui font une si rude chasse aux hirondelles, leurs parentes.

La tribu des *fissirostres nocturnes* se compose du genre que l'énorme fente de son bec a fait appeler *engoulevent*, et dont les ailes sont subobtuses.

Les oiseaux de ce genre vivent isolés, ne volent que la nuit, et poursuivent les phalènes et autres insectes nocturnes. Ce sont en Europe des oiseaux voyageurs.

4ᵉ *famille* — TÉNUIROSTRES OU A BEC GRÊLE.

Dans cette famille, nous trouvons les *colibris*, — les *oiseaux-mouches*, si petits et si brillants qu'on les prendrait pour des papillons, — les *torchepots*, — les *échelettes* — et les *grimpereaux*.

Parmi les mille espèces d'oiseaux qui peuplent l'ancien et le nouveau monde, celles des *colibris* et des *oiseaux-mouches* occupent le premier rang par la légèreté, la grâce et l'élégance dont la nature a doué ces petits chefs-d'œuvre : on dirait des pierres précieuses enchâssées dans l'or et animées d'un souffle de vie. Leurs nids sont de vrais bijoux. Celui du *colibri topaze* est de la texture la plus délicate. La partie extérieure est formée d'un lichen gris et semble faire partie intégrante de la branche qui le porte, comme une excroissance naturelle. Il est doublé à l'intérieur de substances cotonneuses; le fond est garni de fibres soyeuses empruntées à différentes plantes. C'est au bout d'une année seulement que les petits ont leur coloris complet, mais quelques mois après sa naissance, la gorge du mâle est déjà fortement empreinte de teintes brillantes. Ces oiseaux vivent constamment sur les fleurs et se nourrissent des sucs qu'elles renferment, et de petits scarabées cachés dans leurs corolles. Ils sont peu farouches et ne fuient pas l'approche de l'homme. Ils

1. Spathure roux botté. — 2. Rubis topaze. — 3. Améthyste. — 4. Colibri grenat. — 5. Colibri Eurynope. — 6. Huppe-col. —7. Delalande.

Fournier (*Furnarius*)

abondent surtout dans la Louisiane. Comme les colibris et les oiseaux-mouches, les oiseaux du genre *Soui-Manga* (mangeurs de sucre) vivent sur les fleurs dont ils pompent le miel avec leur langue. Leur plumage, chez les mâles surtout et au printemps, brille des plus belles couleurs métalliques. Leurs mouvements sont vifs, gracieux, et leurs mœurs sociables. Ils construisent leur nid sur les arbres et dans les buissons. La ponte est de deux à quatre œufs.

Ce genre appartient à l'ancien continent, où il représente les colibris.

Les *fourniers* sont de petits oiseaux qui vivent dans l'Amérique du Sud. Leur plumage est roux clair, avec la gorge blanche et la queue d'un rouge vif. Ils construisent un nid d'argile qui a près d'un mètre de circonférence, et qui offre la forme d'un four à parois peu épaisses. L'ouverture est sur le côté, et l'intérieur est divisé en deux compartiments par une cloison partant de l'ouverture : c'est dans la partie inférieure que la femelle dépose, sur une couche d'herbe, quatre œufs pointus et blancs, piquetés de roux. Ce nid, malgré ses dimensions, est quelquefois terminé en deux jours; ils l'établissent dans le voisinage des habitations. Quelquefois des oiseaux étrangers se servent des vieux nids du fournier pour y faire leur ponte; mais celui-ci en chasse les usurpateurs quand il en a besoin.

5e *famille.* — SYNDACTYLES.

Cette famille comprend les genres suivants : les *guépiers* qui se nourrissent d'insectes et de guêpes qu'ils saisissent au vol; les *martins-pêcheurs*, dont la patience à attendre, postés sur un arbre, un poisson qui passe à leur portée, ne peut se comparer qu'à celle du *pêcheur à la ligne;* et les *calaos*, oiseaux indiens, remarquables par leur bec énorme et dentelé, à crête élevée, surmonté d'un casque, quelquefois aussi grand que le reste du corps.

GRIMPEURS.

Deux doigts en avant et *un en arrière* donnent à ces oiseaux un point d'appui plus solide pour se cramponner aux branches et au tronc des arbres et pour y grimper. Les oiseaux ainsi conformés appartiennent seuls à cet ordre, bien qu'il y en ait un grand nombre d'autres qui *grimpent aussi :* témoin les *grimpereaux* que nous avons nommés tout à l'heure, et qui paraissent être le point de transition d'un ordre à l'autre.

Les genres principaux des OISEAUX GRIMPEURS sont les *pics,* les *torcols,* les *perroquets,* les *toucans,* dont l'énorme bec est presque aussi long que leur corps, et les *coucous* qui, bien que conformés comme les grimpeurs, ne *grimpent* cependant pas.

On connaît les espèces nombreuses qui composent le genre des perroquets : les *aras,* bleus, jaunes et rouges; — les *perruches,* vertes; — le *jocko,* gris; — les *cacatoès,* blancs et dont la tête est ornée d'une houppe jaune, — et les *amazones,* à la tête rouge et au corps vert.

Les *coucous* offrent ce trait particulier qu'ils pondent leurs œufs dans le nid des autres oiseaux, le plus souvent dans celui de la fauvette. Ces petits coucous, après leur naissance, poussent hors du nid leurs frères adoptifs, pour n'avoir point à souffrir de partage dans les soins de la nourrice commune.

Les *couroucous,* du genre des coucous, sont emplumés jusque près des doigts. Ils nichent dans des trous d'arbres et se nourrissent d'insectes.

Le genre *anis* appartient à l'ordre des grimpeurs. Ce sont des oiseaux qui vivent par troupes. Au moment de la ponte, toutes les femelles pondent et couvent dans le même nid.

Coucou cuivré.
Couroucou pavonin.
Merle azuré.
Pics..
Oiseau-Mouche Sapho. —Cassique Jupuba. —GRIMPEURS   Cacatoès
Ara-Rauna.

GALLINACÉS.

A cet ordre appartiennent la plupart de nos oiseaux de basse-cour. Il se divise en deux familles : les *gallinacés* — et les *pigeons*.

Les principaux genres de la famille des gallinacés sont :

Les *dindons*, dont la queue peut se redresser pour faire la roue et dont le haut du cou, ainsi que la tête, sont garnis de caroncules rouges.

Les *paons*, si merveilleusement beaux, avec leur queue

étalée comme un éventail et leur tête ornée d'une aigrette ;

Les *alectors* ou dindons d'Amérique ;

Les *pintades,* originaires d'Afrique et qui, naturalisées en Europe, n'ont jamais pu s'y apprivoiser complétement ;

Les *faisans*, parmi lesquels se classe notre coq domestique avec sa nombreuse progéniture ;

Les *tétras*, genre très-nombreux, qui se compose :

Des *coqs de bruyère*, des *perdrix*, des *cailles*, etc., etc.

La famille des gallinacés offre cette particularité caractéristique que les petits sortent de l'œuf couverts de leurs plumes, et qu'ils peuvent courir aussitôt après leur naissance.

La famille des *pigeons* est regardée comme la transition naturelle des passereaux aux gallinacés.

Les oiseaux de cette famille, lorsqu'ils boivent, ne relèvent pas la tête comme les gallinacés ; ils volent bien, ce qui les distingue encore de ceux-ci, dont le vol est ordinairement lourd ou presque nul.

Types principaux : le *ramier*, — le *biset*, — la *tourte-*

relle, — la *colombe rieuse* ou *tourterelle à collier*, originaire d'Afrique, dont le roucoulement ressemble au rire ; — la *colombe émigrante* ou *pigeon de passage,* dont la tête d'un bleu d'ardoise est parsemée de taches noires et brunes qui s'étendent sur le reste du plumage.

Cette dernière est remarquable par la rapidité de son vol : on a calculé que, lorsqu'elle émigre, elle parcourt près de cent kilomètres par heure.

Tragopan. — Faisan de la Chine. — GALLINACÉS — Coq. — Pintade.

ÉCHASSIERS.

Les oiseaux de cet ordre sont remarquables par la longueur de leurs jambes, tellement démesurées qu'on les croirait montés sur des *échasses*. Ils vivent habituellement au bord des étangs et des fleuves, et dans les marais. Quelques-vns ne volent pas.

A cet ordre appartiennent les genres suivants :

L'*autruche*, un des plus grands oiseaux; elle ne vole pas, mais elle court plus vite que le meilleur cheval. La force de cet oiseau est si grande qu'on l'a vu porter deux hommes sur son dos et parcourir ainsi l'espace de plusieurs lieues en une heure. Les œufs d'autruche pèsent plus d'un kilogramme et demi : la femelle ne les couve point : elle les enterre sous le sable, où la chaleur du soleil les fait éclore.

Le *casoar* ressemble beaucoup à l'autruche, et son agilité est encore plus grande.

Il a le bec comprimé latéralement, la tête surmontée d'une proéminence osseuse recouverte d'une substance cornée, la peau de la tête et du cou nue, teinte en bleu céleste et en couleur de feu, avec des caroncules pendantes, de la nature de celles du dindon. L'aile a quelques tiges noires sans barbes, qui lui servent d'armes défensives.

L'*outarde* aussi vole peu et se sert de ses ailes pour accélérer sa course : le mâle est le plus gros des oiseaux de l'Europe.

Le *pluvier* et le *vanneau,* son compère, vivent par troupes et se montrent surtout pendant les pluies de l'automne, époque où ils se réunissent pour émigrer.

Le *pluvier doré,* qui vit sur les bords de la mer et à l'embouchure des fleuves; le *pluvier à collier,* qui a la tête variée de noir et de blanc, le bec jaune et noir.

Dans les principaux genres qui viennent ensuite sont :

Les *grues,* — les *cigognes,* — les *hérons,* — les *marabous,*

Le héron.

genre voisin des cigognes, qui, bien que fort laids, sont recherchés à cause des plumes qui se trouvent sous leurs ailes; — les *spatules,* — les *bécasses,* — les *ibis,* — les *avocettes,* — les *râles* — et les *flamants.*

Le *guignard,* long de 20 à 24 centimètres, gris ou noirâtre, à plumes bordées de gris fauve, un trait blanc sur l'œil, la poitrine et le haut du ventre d'un roux vif, le bas du ventre blanc, ne se trouve chez nous qu'en hiver, et va nicher très-loin dans le Nord.

ÉCHASSIERS. Ardéole blongios. — Héron. — Échasse d'Europe.

PALMIPÈDES.

Ces oiseaux ont l'intervalle qui sépare les doigts garni d'une membrane qui les enveloppe jusque près de l'ongle, et les pieds formés pour la natation, c'est-à-dire placés fort en arrière du corps.

Ce sont les seuls animaux de cette classe qui aient parfois le cou plus long que les pieds.

Un plumage serré, lustré, imbibé d'un corps huileux, les rend propres à séjourner longtemps dans l'eau sans en être incommodés.

Leur bec est ordinairement émoussé au bout, et leurs ailes robustes les rendent aptes à entreprendre des vols de longue haleine. Ils vivent principalement de poissons. Ils se divisent en quatre familles : les *plongeurs*, — les *oiseaux de mer*, — les *totipalmés* — et les *canards*.

1re *famille.* — PLONGEURS.

Ils se distinguent par des ailes excessivement courtes et des pattes insérées si loin en arrière, qu'ils sont obligés, lorsqu'ils sont à terre, de se tenir dans une position presque verticale. Ils ne volent point ou volent fort peu, mais ils nagent parfaitement, le corps enfoncé dans l'eau, et se servent de leurs ailes presque comme de nageoires.

On compte trois tribus dans cette famille :

1° Les *plongeons*, qui ne quittent jamais les eaux qu'au moment de la ponte, et qui alors marchent en s'aidant de leurs ailes; mais si un faux pas les fait tomber, ils ont beau-

coup de peine à se relever. Ces oiseaux volent, mais rarement, et, lorsqu'ils sont effrayés, ils aiment mieux plonger
que de s'enfuir à tire-d'ailes ;

2° Les *manchots*, qui ne peuvent jamais voler ; ils habitent
surtout les régions polaires ;

3° Les *pingoins*, qui ne se distinguent des précédents que
par la forme de leur bec, extrêmement recourbé vers la pointe.

2ᵉ *famille.* — OISEAUX DE MER.

Ils ont les ailes longues et effilées, les muscles de la poitrine très-puissants, et les pieds largement palmés, ce qui
leur permet de se reposer sur les vagues ; ils se nourrissent
de poissons. On les rencontre à des distances inouïes de
toute terre.

Les genres principaux de cette famille sont :

Les *pétrels*. Ce sont ceux qui se tiennent le plus constamment éloignés de la terre ; aussi, à l'approche d'une tempête,
sont-ils obligés de se réfugier sur les écueils ou sur les vaisseaux, ce qui leur a valu, de la part des marins, le nom d'*oiseaux de tempête.*

Les *albatros*, les plus grands des oiseaux de mer. L'espèce
la plus connue a le plumage blanc et les ailes noires.

Les *goélands* et les *mouettes*, oiseaux criards, voraces et
d'une avidité telle, qu'on les prend aisément avec un hameçon
garni d'un petit poisson, ou d'un objet quelconque simulant
une proie.

Les *hirondelles de mer*, à la queue fourchue comme celle
des hirondelles de terre,

Et les *becs-en-ciseaux*, remarquables par la forme singulière de leur bec, dont la mandibule inférieure est beaucoup
plus longue que la supérieure.

3ᵉ *famille.* — TOTIPALMÉS.

Ce nom leur vient de ce que leur pouce est réuni avec les
autres doigts par une seule membrane, ce qui leur constitue

Guillemot
Cormoran.
Frégate. 
Anhinga à ventre noir.
PALMIPÈDES.
Gorfou chrysocome.

un pied totalement palmé; et pourtant, chose bizarre, ce sont les seuls d'entre les palmipèdes qui se perchent sur des arbres. Tous sont d'ailleurs bons voiliers.

Voici les genres les plus importants de cette famille :

1° Les *pélicans*, remarquables par une poche formée sous leur bec par un repli de la peau, et qui leur sert à mettre en réserve le produit de leur pêche jusqu'à ce que l'appétit leur soit venu;

2° Les *cormorans*, qui n'ont pas de poche; cela seul les distingue des pélicans;

3° Les *frégates*, qui volent avec tant de rapidité qu'elles ont reçu le nom du vaisseau le plus fin voilier de toute la marine; leur plumage est noir. Elles abondent dans les climats chauds;

4° Les *fous*, qui ressemblent beaucoup aux précédents, et ont été ainsi nommés à cause de la facilité avec laquelle les autres animaux se servent d'eux comme de jouet.

4ᵉ *famille.* — LAMELLIROSTRES.

Les oiseaux de cette famille ont un bec épais, revêtu d'une

peau molle, avec les bords garnis de lames; leurs pieds sont tout à fait palmés.

Cette famille se divise en deux genres : les *canards* — et les *harles.*

Le genre canard se subdivise en sous-genres : les *macreuses,* — les *garrots,* — les *sarcelles,* — les *cygnes,* — les *oies,* etc., etc.

Les *oies* paraissent être des cygnes dégénérés ; à l'état sauvage, elles vivent par troupes ; dans leurs migrations, qui offrent un trait des plus intéressants de la vie des oiseaux, elles se rangent sur deux lignes en forme de V renversé.

Le *canard domestique* se distingue surtout par ses pieds orange et le beau plumage vert qui couvre la tête du mâle.

L'*eider* est une autre espèce de canard d'où nous vient le duvet connu sous le nom d'*édredon*.

Résumons nos observations sur les oiseaux :

1° Les RAPACES sont des oiseaux chasseurs.

2° Les GRIMPEURS n'ont besoin que d'être nommés pour être définis.

3° Les GALLINACÉS peuplent nos basses-cours, en attendant qu'ils figurent sur nos tables.

4° Les ÉCHASSIERS sont des oiseaux *coureurs* plutôt que *volants*.

5° Les PALMIPÈDES sont des oiseaux nageurs.

6° Les PASSEREAUX ne sont ni chasseurs, ni grimpeurs, ni coureurs, ni nageurs, mais sont, plus ou moins et à la fois, tout cela ; de plus, ce sont les oiseaux *chanteurs*.

Faisanderie.

REPTILES.

Les reptiles sont des animaux vertébrés *ovipares*, à *respiration pulmonaire* et à *sang froid*.

Ces animaux n'ont pas d'organe spécial pour le toucher, et leur peau ne présente jamais ni poils, comme chez les mammifères, ni plumes, comme chez les oiseaux. Cette peau est quelquefois complétement nue, et le plus souvent couverte d'écailles.

Chez la plupart des reptiles, la peau se renouvelle plusieurs fois dans l'année, et souvent se détache tout d'une pièce, comme un sac dont l'animal sortirait.

Quatre grandes divisions naturelles se rencontrent dans cet ordre ; savoir :

1º Les *tortues*.	}		CHÉLONIENS.
2º Les *lézards*		ordre des	SAURIENS.
3º Les *serpents*.			OPHIDIENS.
4º Et les *grenouilles*. .	}		BATRACIENS.

1ᵉʳ ordre des reptiles.

CHÉLONIENS ou TORTUES.

Ce qui distingue cet ordre au premier coup d'œil, c'est le *test*, ou sorte de cuirasse solide dans laquelle est enfermé le corps de l'animal ; ce test se compose de deux boucliers qui, unis sur les côtés, laissent en avant et en arrière deux larges ouvertures où passent à volonté la tête, les pattes et la queue de l'animal.

La partie supérieure du test porte le nom de *carapace ;* la partie inférieure se nomme *plastron*.

On distingue trois espèces de tortues, selon qu'elles habitent sur la terre, dans les fleuves ou dans les mers.

Les *tortues terrestres* ont les pattes conformées pour la marche et sont complétement herbivores. Elles savent se contenter de très-peu de nourriture, et elles peuvent passer des mois entiers, et même des années, sans manger. Leur carapace est très-bombée, et elles peuvent faire rentrer complétement leur tête, leur queue et leurs pattes entre ce bouclier et le plastron.

Les *tortues d'eau douce* ressemblent beaucoup aux précédentes, si ce n'est que leurs doigts sont palmés et leur carapace plus aplatie. Quelques espèces de ce genre ont le plastron divisé en deux battants, qui s'ouvrent ou se ferment à la volonté de l'animal, ce qui leur a valu le nom de *tortues à boîte*. Elles sont *amphibies*.

Tortue de mer.

Quant aux *tortues de mer*, elles sont essentiellement nageuses, et ont les pieds aplatis en forme de nageoires. La plupart atteignent une très-grande taille : il y en a qui acquièrent un poids de 2 à 300 kilogrammes.

Le *caret* est une espèce de tortue marine, d'où l'on tire cette substance brillante et dure qu'on nomme *écaille*.

2ᵉ ordre des reptiles.

SAURIENS ou LÉZARDS.

On appelle *sauriens* tous les reptiles qui, par leur organisation, se rapprochent du lézard, dont le principal caractère est de posséder des côtes complètes et mobiles; leur corps est pourvu de membres et recouvert d'une peau écailleuse ou parsemée de granules.

Les membres sont si courts, que le ventre de l'animal traîne toujours à terre; les doigts sont terminés par des ongles, et le corps par une queue allongée.

Leur bouche est grande et toujours armée de dents; mais cependant ils ne mâchent pas leurs aliments.

La plupart des sauriens sont terrestres, d'autres sont aquatiques; le chaud les ranime et le froid les engourdit.

Cet ordre se subdivise en six familles : les *crocodiliens,* — les *iguaniens,* — les *lacertiens,* — les *geckotiens,* — les *caméléoniens* — et les *bipèdes.*

1ʳᵉ *famille.* — CROCODILIENS.

Cette famille comprend les *crocodiles* proprement dits, — les *caïmans* — et les *garials.*

Le *crocodile* proprement dit habite l'Afrique; il a le museau aplati, et, de chaque côté de la mâchoire supérieure, une échancrure qui reçoit une des dents de la mâchoire inférieure. La couleur de son dos est un vert foncé tacheté de brun; le dessous de son corps est plus pâle. C'est un reptile amphibie et très-vorace; il nage avec une excessive rapidité, mais toujours en droite ligne ; il attaque l'homme et les plus grands animaux carnassiers, tels que le tigre.

Les *caïmans* se trouvent en Amérique. Ils se distinguent des premiers par la conformation de leur mâchoire supérieure qui, au lieu de deux échancrures, a deux trous qui reçoivent deux dents de la mâchoire inférieure.

Le caïman à museau de brochet, vulgairement nommé *alligator*, a vers le cou quatre plaques formées par ses écailles. Ces reptiles se trouvent en grand nombre dans l'Amérique septentrionale, à l'embouchure du Mississipi.

Le *gavial*, troisième espèce de crocodile, habite l'Asie; on le rencontre principalement sur les bords du Gange. Le gavial a le museau plus mince et plus allongé que les deux autres espèces de la même famille ; ses dents sont égales, sa mâchoire supérieure n'a pas d'échancrure comme chez le crocodile.

Il porte sur le museau une sorte de proéminence cartilagi-
neuse d'un volume assez considérable.

2ᵉ *famille.* — IGUANIENS.

Ces reptiles seraient des lézards proprement dits si leur
langue était extensible. Originaires d'Amérique et semblables
pour la forme aux lacertiens, les *iguaniens* sont d'une taille
beaucoup plus grande ; ils atteignent quelquefois une longueur
de deux mètres, dont la queue forme plus de la moitié.

Dragon.

Ils grimpent sur les arbres avec une grande facilité, se
nourrissent d'insectes, de feuilles, de fruits, et quelquefois ils

cherchent dans les terres humides des vers et des limaçons.

Les *stellions*, — les *agames*, — les *dragons*, ainsi nommés parce qu'ils ont de chaque côté de la tête une sorte de parachute, font partie de cette famille.

3e *famille*. — LACERTIENS.

Cette famille, qui renferme un grand nombre de genres, a pour type le *lézard* proprement dit, distingué par une langue mince, susceptible de s'étendre, et terminée en deux filets. De petites écailles rondes, ressemblant à des granules, couvrent le dessus du corps de ce reptile, et il a le ventre garni de plaques larges. Il se plaît dans les endroits secs, au soleil, où il reste immobile des heures entières. Son naturel est très-doux, mais il mord avec violence quand on l'attaque. Sa morsure n'est pas venimeuse. Sa queue se casse avec une grande facilité, et repousse de même.

Les espèces les plus remarquables sont : le *lézard gris*, — le *lézard vert piqueté*, — et surtout le grand *lézard vert ocellé*, le plus beau de tous.

4e *famille*. — GECKOTIENS.

Ce sont des lézards nocturnes, à la tête large et aplatie, aux yeux saillants. Leurs mâchoires n'ont qu'une rangée de dents ; leur langue n'est pas extensible ; leurs écailles sont très-petites ; leur queue est ronde, marquée de plis transversaux ; leurs doigts, au nombre de cinq à chacune de leurs quatre pattes, sont libres, dilatés à l'extrémité et plissés en dessous comme un éventail ; ils ont des ongles crochus, rétractiles. Habitant les lieux humides et sombres, ils sont communs dans le midi de l'Europe, en Égypte, en Barbarie, dans l'Inde, en Arabie. Leur voix ressemble au coassement d'une grenouille ; leurs yeux ont une prunelle mobile comme celle des chats ; ils se nourrissent d'insectes.

Les chats font une guerre acharnée à l'espèce, qu'on appelle *gecko des maisons* parce qu'il choisit de préférence pour sa demeure les habitations de l'homme.

Le Gecko des murailles.

Un autre reptile du même genre porte le nom de *gecko des murailles*. Celui-ci recherche les lieux secs, il se cache dans des tas de pierres et se couvre le corps de poussière. On le rencontre sur le littoral de la Méditerranée. Il est gris foncé, sa tête est rude, son corps est couvert de tubercules formés de granules rapprochés. Tous les doigts de ses pieds ne sont pas armés d'ongles comme ceux du gecko des maisons. On voit quelques-uns de ces reptiles en Provence, où on les connaît sous le nom de *tarente*.

5ᵉ *famille.* — CAMÉLÉONIENS.

Les individus de cette famille sont célèbres par la faculté singulière qu'ils ont de changer de couleur.

Caméléon.

On a longtemps pensé que ce changement était toujours en rapport avec les objets qui environnent le caméléon, et qu'il se dérobait ainsi aux regards et à la poursuite de ses ennemis. L'observation a démontré l'inexactitude de cette assertion : on croit aujourd'hui que ces variations sont dues à celles de l'atmosphère ou aux passions qui agitent l'animal.

Le caméléon habite les contrées les plus chaudes de l'Asie et de l'Afrique.

Outre la faculté dont nous venons de parler, ce reptile a une queue *prenante*; ses doigts sont disposés deux en avant et deux en arrière, ce qui, on l'a vu, est le signe constitutif des animaux grimpeurs.

6ᵉ *famille.* — BIPÈDES.

Cette famille comprend des reptiles de forme cylindrique et dont le corps est tellement allongé qu'on les prendrait pour des serpents, s'ils n'avaient deux espèces de pieds fort petits à la place des membres postérieurs. Les genres principaux sont : les *scinques* — et les *seps*.

La transition des *sauriens* aux *ophidiens* se fait, par ce dernier genre, d'une manière presque insensible.

3ᵉ ordre des reptiles:

OPHIDIENS ou SERPENTS.

Un corps très-allongé et complétement dépourvu de membres, voilà les serpents.

Ces animaux ne se meuvent qu'au moyen de replis que leur corps fait sur le sol, et ressemblent aux lézards pour le reste de leur organisation.

Le nombre des vertèbres et des côtes de ces reptiles est en général très-considérable; dans certaines espèces, on compte jusqu'à 112 vertèbres et 220 côtes.

L'ordre des *ophidiens* se divise en deux familles : les *serpents doubles marcheurs*, dont la colonne vertébrale est organisée de façon que le corps de l'animal puisse indistinctement se porter en avant ou en arrière, — et les *serpents ordinaires.*

Les serpents ordinaires se subdivisent en deux tribus : *serpents venimeux; — serpents non venimeux.*

1re *tribu.* — SERPENTS VENIMEUX.

Les *serpents venimeux* se reconnaissent aux dents de la mâchoire supérieure, qui sont creusées d'un canal ou conduit, aboutissant à deux glandes particulières que l'animal porte de chaque côté de la tête, et qui sécrètent le venin.

Les dents qui servent à introduire le venin dans la morsure sont plus longues que les autres, et repliées en arrière; de plus, elles sont mobiles, et lorsque l'animal veut s'en servir il les redresse; ce qui a fait donner à ces dents le nom de *crochets mobiles.*

Le Serpent à sonnettes.

Le venin des serpents n'agit que lorsqu'il est mêlé au sang, de telle sorte qu'on pourrait l'avaler sans aucun danger : c'est ce qui explique pourquoi ce poison violent peut couler dans la bouche de l'animal sans l'incommoder; tandis que si, par maladresse, il se mord lui-même, il périt avec la même rapidité que ses victimes ordinaires.

Les serpents venimeux sont *ovo-vivipares*, c'est-à-dire qu'ils sortent de l'œuf alors que ces œufs sont encore dans le ventre de leur mère, de façon qu'ils paraissent naître vivants comme les mammifères.

Les genres les plus remarquables de cette première tribu sont :

Les *crotales*, vulgairement appelés *serpents à sonnettes*, à cause du bruissement que produisent des espèces d'appendices creux disposés, comme autant de petits grelots, à l'extrémité de leur queue. Ces cornets écailleux se heurtent lorsque l'animal se remue, et résonnent fortement. Leur venin est excessivement puissant et fait mourir en quelques secondes le plus gros animal.

Les *vipères*, qui ont les écailles de la tête petites et granulées, et sur le dos une double rangée de taches transversales noirâtres. Leur longueur dépasse rarement 40 centimètres. Ce sont les seuls serpents venimeux qui habitent nos contrées. Elles passent l'hiver et une partie du printemps engourdies dans des trous. Leurs crochets recèlent un poison bien moins redoutable que celui des crotales.

Les *naias*, genre auquel appartiennent les *aspics*, petits serpents noirs très-venimeux. Le *serpent* nommé *serpent à 'lunettes*, à cause du disque noir qui entoure ses yeux, est aussi une espèce du genre *naia*.

2ᵉ *tribu.* — SERPENTS NON VENIMEUX.

Les *serpents non venimeux* sont distingués par l'absence des crochets mobiles et par la forme de leur tête, qui est plus·allongée que celle des serpents venimeux, parce que la *poche à poison* n'existe pas de chaque côté.

Les principaux genres de cette deuxième tribu des ophidiens sont :

Les *couleuvres*, qui habitent nos contrées ; outre l'absence des crochets mobiles, elles se distinguent des vipères par les écailles de la tête qui sont larges, lisses et non granulées.

Des taches noires le long des flancs, trois taches blanches autour du cou, et le corps cendré : tels sont les signes les
plus apparents qui servent à reconnaître les couleuvres.

Les *pythons* sont des espèces de couleuvres dont la taille.
égale presque celle des *boas*.

Couleuvre noire.

La *couleuvre noire*, qui atteint jusqu'à deux mètres et demi de longueur, se trouve dans l'Amérique du Nord. Elle est très-agile et grimpe sur les arbres les plus élevés pour chercher les nids des oiseaux et avaler leurs œufs ou leurs petits.

Les *boas*, parmi lesquels se trouvent les plus grands serpents, ont le dessous de la queue garni d'une seule bande d'écailles transversales, le corps comprimé et un croc audessus de la queue, qui est *prenante*. Certains de ces animaux atteignent une longueur de quinze à vingt mètres. Doués d'une force extraordinaire, ils peuvent s'attaquer victorieusement au lion et à l'éléphant. Leurs mâchoires et leur gosier se dilatent énormément, et leur permettent d'avaler, par une espèce de succion lente, des chiens, des cerfs et même des

bœufs, après les avoir étouffés et comme triturés. Pendant la digestion fort longue de cette masse d'aliments pris à la fois, ils restent engourdis. On trouve les *boas* en Amérique et dans les Indes.

Ces reptiles n'ayant point par eux-mêmes une chaleur supérieure à celle de l'atmosphère, les changements de température agissent puissamment sur eux : une chaleur trop grande leur est promptement funeste, et le froid les plonge dans une espèce d'engourdissement. La plupart passent l'hiver sans prendre d'aliments, parce que l'estomac manque de la chaleur nécessaire à la digestion.

Ce qu'on dit de la propriété que possèdent les serpents de *fasciner* les petits animaux dont ils se nourrissent, au point non-seulement de les empêcher de fuir, mais encore de les forcer à se précipiter dans leur gueule, n'est pas précisément une fable : la frayeur qu'ils inspirent terrifie leurs victimes et les rend incapables de fuir.

4e **ordre des reptiles.**

BATRACIENS ou GRENOUILLES.

Tous les animaux qui, par leur organisation, se rapprochent de la forme bien connue des grenouilles, doivent être classés dans cet ordre.

Nous sommes arrivés au point où les animaux à respiration pulmonaire commencent à disparaître pour faire place à ceux qui respirent dans l'eau, c'est-à-dire par des branchies au lieu de poumons.

Pendant les premiers jours qui suivent leur naissance, les individus de cet ordre sont appelés *tétards* et sont de véritables *poissons;* ils se transforment ensuite et passent à l'état de *reptiles.*

Les *grenouilles* ont le ventre effilé, les pieds de derrière très-allongés et palmés; elles font de très-grands sauts, et vivent dans l'eau ou dans les prairies humides; leur peau est lisse et verdâtre.

Les *raines* sont des espèces de petites grenouilles d'un

vert clair et très-vif ; elles se distinguent des grenouilles par
des palettes visqueuses qu'elles ont à l'extrémité de chaque
doigt.

Le *crapaud* diffère de la grenouille et de la raine par

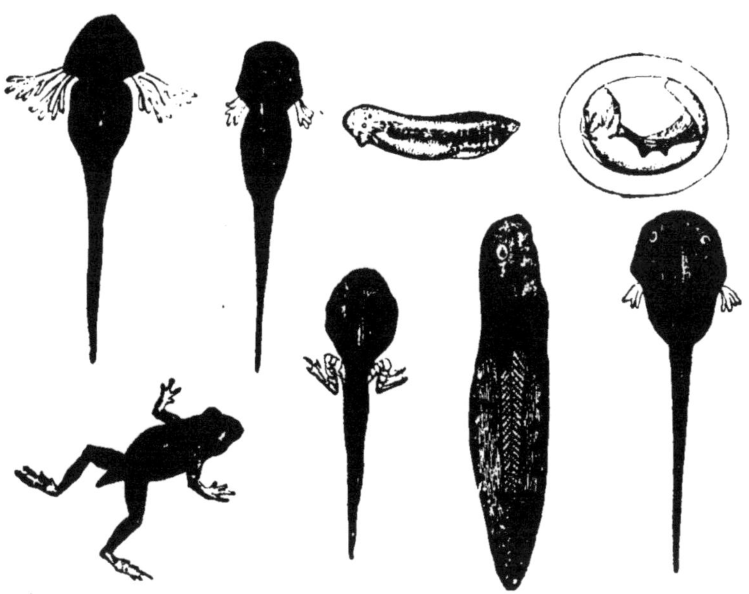

sa peau qui est plus sombre et couverte de verrues; sa
chair n'est pas bonne à manger, mais ce qu'on dit de sa
morsure et de sa salive prétendues venimeuses n'est pas
avéré. Plusieurs espèces de cette famille deviennent très-
grosses.

Les *salamandres*, ou grenouilles à queue, se reconnaissent
par la présence de cet appendice et la conformation de leurs
pattes qui n'ont que trois doigts, point d'ongles, et aussi par
l'absence des pieds de devant. Quand on les touche, elles se
couvrent aussitôt d'une liqueur laiteuse qui peut les défendre
pendant quelques instants de l'effet d'un feu médiocre : de

là, la fable qui prétend que les salamandres peuvent vivre dans les flammes.

Les *tritons* ont la queue aplatie horizontalement, ils ne vivent que dans l'eau ; du reste, ils ressemblent beaucoup aux salamandres.

4° CLASSE DES VERTÉBRÉS.

POISSONS.

Ce qui distingue les animaux de cette classe, c'est leur mode de respiration qui s'opère par des *branchies* au lieu de poumons.

Les branchies sont des lames membraneuses qui ont la proriété de séparer l'oxygène tenu en dissolution dans l'eau où ces animaux vivent continuellement, ce qui leur permet de respirer même au fond des eaux sans avoir besoin de remonter à la surface pour remplir cette fonction.

Les branchies sont le plus souvent appliquées les unes contre les autres comme les dents d'un peigne ; plus rarement ces organes ont la forme de houppes rondes ou arrondies.

Les branchies sont toujours recouvertes par l'*opercule*, espèce de lame osseuse placée de chaque côté de la tête et appelée vulgairement *oreille du poisson.*

La forme des poissons varie beaucoup ; mais généralement, ou plutôt absolument, ce qui distingue les poissons, c'est l'absence totale d'un *cou*, d'où résulte l'immobilité de la tête. Les membres des poissons sont remplacés par des *nageoires*. Les nageoires qui occupent la place des membres antérieurs sont appelées *nageoires pectorales* ; celles qui répondent aux membres postérieurs sont les *nageoires abdominales.* Si ces dernières disparaissent, le poisson est alors appelé *apode*, ou sans pieds.

Indépendamment de ces quatre nageoires principales, les poissons en possèdent encore deux autres : la *nageoire dorsale* sur le dos, et la *nageoire anale* au-dessous de la queue. Enfin la queue de tous les poissons forme une dernière nageoire placée toujours *verticalement* ; nous avons vu que c'est à ce signe extérieur qu'on distingue un poisson d'un cétacé, chez qui la nageoire caudale est toujours *horizontale.*

Le corps des poissons est parfois *nu*, mais le plus souvent couvert d'écailles luisantes.

Les poissons sont des animaux *vertébrés* à *sang froid, ovipares* et à *respiration branchiale.*

Leur squelette intérieur est tantôt *osseux*, tantôt *cartilagineux.*

De là deux grandes divisions :

1° Les *poissons osseux* ; — 2° Les *poissons cartilagineux.*

Ces deux divisions comprennent les quinze cents espèces de poissons connues, et se subdivisent en neuf ordres, dont six sont rangés dans le groupe des poissons osseux, et trois dans celui des poissons cartilagineux.

1er ordre des poissons osseux.

POISSONS ACANTHOPTÉRYGIENS OU ÉPINEUX.

La nageoire des poissons acanthoptérygiens dorsale est munie de rayons épineux ; quelques-uns de ces rayons existent aussi à la nageoire anale, et il y en a un à chaque nageoire abdominale.

Seize familles composent cet ordre.

Les plus remarquables sont :

Les *perches*, un des plus beaux et des meilleurs poissons d'eau douce ; elles sont très-voraces et périssent souvent victimes de cette voracité ; voici comment : il existe dans cette famille un petit poisson nommé *épinoche* qui, saisi par un autre poisson, relève avec force les rayons épineux de sa nageoire dorsale et les enfonce dans le palais de son ennemi. La perche, qui lui fait la guerre, se laisse souvent prendre à ce piége, et alors, ne pouvant ni fermer la bouche ni se débarrasser de l'espèce d'hameçon qu'elle a mordu, elle meurt en cet état.

Les *bars*, poissons de mer très-semblables aux perches ; sur nos côtes on les appelle vulgairement *loups de mer*.

Les *rougets*, dont le corps et la queue sont rouges, même après qu'ils ont été dépouillés de leurs écailles. Leur chair est très-estimée ; on les trouve en abondance dans la Méditerranée.

Les *hirondelles de mer*, nommées vulgairement *poissons volants* à cause de la faculté de pouvoir s'élever dans les airs, qu'ils doivent au grand développement de leur nageoire dorsale.

Les *maquereaux*, qui se distinguent par les belles couleurs bleue, blanche et verte de leur dos. Leurs écailles sont si petites et si lisses qu'ils en paraissent dépourvus.

Les *thons*, gros poissons à peau noire dont la chair est très-estimée. Ils abondent dans la Méditerranée, et les Provençaux les pêchent au moyen de la *madrague*, espèce de labyrinthe construit avec des filets divisés en une multitude de chambres communiquant les unes avec les autres.

Les *espadons*, que distinguent la longue pointe qui termine leur mâchoire supérieure, et avec laquelle ils attaquent et tuent les plus grands animaux marins.

2° ordre des poissons osseux.

MALACOPTÉRYGIENS ABDOMINAUX.

Toutes les nageoires de ces poissons sont soutenues par des rayons mous et cartilagineux; les nageoires abdominales sont placées tout près de la queue.

Cinq familles se partagent les poissons de cet ordre, parmi lesquels on distingue :

Le *saumon*, dont la chair est rouge, le corps aplati et allongé; il vit par troupes dans les mers glaciales et remonte les grands fleuves. Sa pêche est une des branches les plus importantes du commerce des peuples septentrionaux.

Les *harengs*, qui vivent par troupes innombrables et descendent tous les ans des mers du Nord sur les côtes de France et de Hollande, où on les pêche en grande quantité. On les conserve facilement après les avoir salés et fumés.

Les *aloses*, qui sont à la fois un poisson de mer et un poisson d'eau douce. Dans les rivières sa chair est excellente; mais en mer elle est sèche et de mauvais goût.

L'*anchois*, qui diffère du hareng par la bouche fendue jusque derrière les yeux; sa taille est d'ailleurs plus petite.

Viennent ensuite les *truites*, — les *dorades*, — les *bro-*

chets, — les *barbeaux*, — es *goujons*, — les *tanches*, — les *brêmes,* — les *ables,* — les *carpes,* poissons d'eau douce,

— et les *sardines,* — les *éperlans,* — les *silures,* etc., etc.,
poissons de mer.

3e ordre des poissons osseux.

MALACOPTÉRYGIENS SUBBRACHIENS, OU PECTORAUX.

Les nageoires abdominales des subbrachiens sont placées
tout près des nageoires pectorales.

On range dans cet ordre les genres suivants :

Les *morues,* dont la pêche est une des branches les plus importantes de l'industrie maritime. Au banc de Terre-Neuve, no-
tamment, un seul homme, muni de deux lignes, peut en
prendre jusqu'à quatre cents dans une journée. Ce poisson se
distingue par trois nageoires *dorsales,* deux *anales,* et un
barbillon au bout du museau.

Les *merlans,* qui diffèrent des morues par l'absence de bar-
billons.

Les *lottes,* qui ont un barbillon comme les morues, mais
n'ont que deux nageoires dorsales.

Viennent ensuite les *poissons plats* (corps aplati horizontalement).

Les *plies,* — les *turbots,* — les *soles,* — les *barbues,* etc.,
appartiennent à cette famille. La chair de ces poissons est
très-estimée.

4e ordre des poissons osseux.

MALACOPTÉRYGIENS APODES.

Nous avons déjà fait observer que les poissons de cet ordre
sont ainsi nommés parce qu'ils manquent de nageoires abdo-

minales, qui sont considérées comme étant les pieds du poisson.

Les genres les plus importants sont les *anguilles,* — les *murènes* — et les *gymnotes.*

Tout le monde connaît les premières, parmi lesquelles se place le *congre,* ou *anguille de mer;* — les *gymnotes* sont remarquables par la faculté qu'ils possèdent de donner à ceux qui les touchent des commotions électriques quelquefois assez fortes pour engourdir et même renverser un homme ou un cheval.

5e ordre des poissons osseux.

LES LOPHOBRANCHES.

Les poissons de cet ordre se distinguent des autres par la forme de leurs branchies qui, au lieu d'être rangées en forme de peignes, sont disposées en petites houppes arrondies. L'*opercule* est attaché de toutes parts et ne laisse qu'un petit trou pour la sortie de l'eau.

Le corps est naturellement comprimé et beaucoup plus haut que la queue. La taille est petite.

C'est dans cet ordre qu'on trouve le *syngnate* — et l'*hippocampe* ou *cheval marin.*

6e ordre des poissons osseux.

PLECTOGNATES.

La mâchoire supérieure, au lieu d'être mobile comme chez tous les poissons que nous venons de nommer, est, pour les poissons rangés dans cet ordre, soudée au crâne comme chez les oiseaux et les mammifères. Une peau épaisse couvre l'*opercule.* Les nageoires abdominales manquent. Les dents sont réunies de manière à ne former qu'une seule dent en haut et en bas.

Les *diodons* ou *arbres épineux* — et les *caffres* sont les espèces les plus remarquables de cet ordre.

Ces derniers ont, au lieu d'écailles, une espèce de cuirasse osseuse à compartiments réguliers.

1er ordre des poissons cartilagineux.

STURIONIENS.

Nous voici dans le groupe des poissons cartilagineux. Leur squelette est mince et membraneux ; les branchies sont libres et recouvertes d'un opercule mobile.

Les *esturgeons* forment le genre principal de cet ordre. Leur corps est allongé et garni d'écussons osseux, rangés longitudinalement sur la peau. Leur bouche, placée sous le museau, est petite et n'a pas de dents.

2e ordre des poissons cartilagineux.

SÉLACIENS.

Cet ordre est caractérisé par les branchies fixes et adhérentes à la peau qui les recouvre, des mâchoires mobiles et armées de dents souvent très-fortes.

Le *requin* se distingue par son museau proéminent et aplati, par sa queue fourchue, dont le lobe supérieur est bien plus grand que le lobe inférieur, et surtout par un effroyable râtelier à plusieurs rangs de dents fortes, aiguës et tranchantes. Sa cruauté et sa voracité sont proverbiales.

La *rounette*, ou *chien de mer*, est, comme le précédent, un poisson de la famille des *squales*.

Les *scies* sont remarquables par leur long museau que termine une espèce d'épée dentelée, d'où leur vient ce nom. Cet appendice, osseux et pointu, est une arme très-redoutable.

Les *raies* sont faciles à reconnaître à leur corps en forme de disque et aplati horizontalement.

Les *torpilles* peuvent, à l'aide d'un appareil placé de chaque côté de la tête, produire de très-fortes décharges électriques.

3e ordre des poissons cartilagineux.

SUCEURS.

La bouche de cet poissons, en forme d'anneau, leur permet de sucer les aliments dont ils se nourrissent, au lieu de les avaler comme font les autres animaux de la même classe : c'est le dernier ordre des vertébrés ; celui, par conséquent, qui, par l'imperfection de son système vertébral, forme naturellement le point de transition des animaux vertébrés aux animaux invertébrés.

Les *lamproies* et les *myxines* en sont les principaux genres.

Leur langue agit comme le piston d'une pompe et leur permet de s'attacher soit aux rochers, soit aux autres poissons.

2e EMBRANCHEMENT DU REGNE ANIMAL.

ANIMAUX INVERTÉBRÉS.

CARACTÈRES GÉNÉRAUX DES INVERTÉBRÉS.

Les caractères communs à tous les animaux invertébrés consistent, comme nous l'avons dit, dans l'absence d'un squelette intérieur, et par conséquent de colonne vertébrale.

Leur sang n'est pas rouge comme celui de tous les vertébrés, ordinairement il est incolore ; quelques *vers* font cependant exception.

Le nombre d'espèces d'animaux comprises dans cet embranchement est immense, et elles diffèrent entre elles par certains points de leur organisation générale. Ces modifications les font distinguer en trois groupes :

1°—Les **mollusques** ; 3° — Les **animaux rayonnés**
2°—Les **animaux articulés** ; ou **zoophytes**.

1ᵉʳ GROUPE DES INVERTÉBRÉS.

MOLLUSQUES.

Les mollusques sont les invertébrés les plus parfaits, et ceux qui se rapprochent le plus des poissons. Pour la plupart, ils sont destinés à vivre dans l'eau et respirent au moyen de branchies ; ceux qui doivent vivre sur terre sont pourvus d'un poumon sacciforme ou plutôt d'un *sac pulmonaire*. Tous ont le corps enveloppé d'une membrane charnue plus ou moins épaisse, qui s'appelle *manteau*.

Le manteau est ordinairement recouvert lui-même d'un *test* ou *esquille* calcaire ; plus rarement il est nu. Dans le premier cas, le mollusque est appelé *coquillage* ou mieux *testacé ;* dans le second cas, on l'a nommé *mollusque nu*.

On divise d'abord les mollusques en *mollusques céphalés* ou *à tête*, et en *mollusques sans tête* ou *acéphalés*, selon qu'ils ont ou non une tête distincte.

Les mollusques à tête se subdivisent en *céphalés nus* et en *céphalés conchylifères* ou à *coquilles*.

1° — **mollusques céphalés nus.**

Leur tête est entourée de longs *tentacules* charnus au nombre de huit ou de dix, qui leur servent à la fois de doigts, de main et de pied, c'est-à-dire d'organes de tact, de préhension et de mouvement. Leur corps a le plus souvent la forme d'un sac.

Ce sont les *poulpes*, — les *argonautes*, — les *seiches* — et les *calmars*.

D'autres fois, ils rampent à l'aide d'un disque musculeux placé sous le ventre, exemple la *limace*.

2° — MOLLUSQUES CÉPHALÉS A COQUILLE.

Les coquillages ou testacés à tête distincte sont tous *uni-*

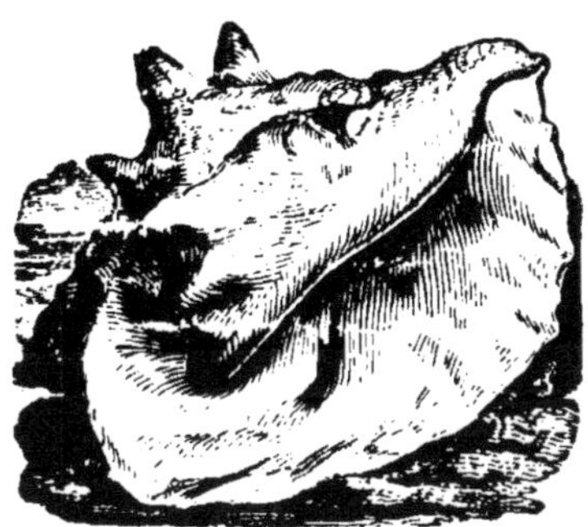

valves, c'est-à-dire que leur coquille est d'une seule pièce.

Mais la forme de cette coquille est excessivement variée : ainsi nous la trouvons ronde et épineuse dans la *patelle*, conique dans l'*amiral*, cylindrique dans les *porcelaines*, à deux pointes dans la *mitre*, bombée dans les *casques*, en spirale dans le *limaçon*, à plusieurs cloisons dans l'*ammonite*, en épée dans le *murex*, en cornet dans l'*arrosoir*, etc., etc.

C'est quelque chose de ravissant que cette prodigieuse abondance de coquilles si belles, quelquefois si délicates, et toujours si diversifiées! Rendons en passant hommage au génie suprême du Créateur.

La *Conchyliologie*, cette innocente et aimable étude, est plus que suffisante pour occuper la vie d'un homme.

Les MOLLUSQUES ACÉPHALÉS ou sans tête distincte n'ont point d'organe de la vue, et leur test ou coquille est toujours de deux pièces au moins : tels sont les *huitres*, — les *moules*, — les *peignes*, — les *tarets* ; ces derniers sont extrêmement nuisibles au bois des navires, qu'ils percent peu à peu quand ils s'y attachent.

2ᵉ GROUPE DES INVERTÉBRÉS.

ANIMAUX ARTICULÉS.

On appelle ainsi les animaux de ce groupe, parce que leur corps et leurs membres sont entourés d'anneaux placés à la suite les uns des autres, et articulés entre eux.

Ces anneaux, ordinairement plus durs que le reste du corps, deviennent quelquefois assez consistants pour former une sorte de squelette extérieur dans lequel, comme dans un étui, sont renfermées toutes les parties molles du corps de l'animal.

Les animaux articulés présentent quatre classes bien distinctes :

1° Les *crustacés;* — 2° les *annélides;* — 3° les *insectes;* — 4° les *araignées.*

1ʳᵉ classe des animaux articulés.

CRUSTACÉS.

Ce nom leur vient de l'espèce de croûte pierreuse qui recouvre leur corps, et qu'il ne faut pas confondre avec la coquille des testacés; car ici la croûte est véritablement la peau de l'animal et est *articulée,* tandis que les valves de la coquille ne sont qu'une enveloppe insensible et inanimée.

Le squelette extérieur formé par cette croûte se détache et tombe tous les ans, comme nous avons vu que la peau des reptiles se sépare de leur corps.

La manière dont ils se dépouillent de l'ancienne enveloppe prouve que la nouvelle peau est encore molle et élastique. Ils parviennent à sortir de leur prison sans y occasionner la moindre déformation.

Les pattes, qui sont ordinairement au nombre de cinq ou

six paires chez les crustacés, ne servent pas seulement à la marche ou à la nage ; en général une espèce de pince relativement très-puissante, à l'aide de laquelle l'animal saisit sa proie, termine les pattes de devant.

Leur tête est pourvue en avant de petits appendices grêles et filiformes, que nous retrouverons aussi chez presque tous les animaux articulés et qu'on nomme *antennes :* on croit que ce sont les organes du *toucher*.

La plupart de ces animaux sont carnassiers ; quelques-uns vivent en parasites sur d'autres animaux dont ils sucent le sang, à l'aide d'une espèce de trompe particulière aussi aux animaux articulés.

Leur bouche est armée de six paires de mâchoires.

Leur respiration est branchiale.

Les crustacés les plus remarquables sont :

Les *crabes*, qui, d'après les dispositions de leurs pattes, ne peuvent marcher aisément que de travers, bien qu'ils puissent cependant se diriger dans tous les sens. Parmi les crabes nous trouvons : le *gécarcin*, — le *tourteau*, — la *portune*, — la *telphuse fluviatile*, — et l'*étrille* ;

Et les *écrevisses*, dont la plupart des espèces se distinguent par leur bec aigu et par leurs paires de pinces.

Les principales espèces de ce genre sont : le *homard*, — la *langouste*, — le *palémon*, — la *crevette*, — les *pagures*.

Les crustacés présentent une particularité remarquable, c'est que leur vie est très-persistante ; on en a vu qui, privés de toutes leurs pattes, de leurs antennes et de leurs pinces, vivaient encore au bout de deux jours. Leur peau, verdâtre quand ils sont vivants, devient d'un rouge vif après la cuisson.

2e classe des animaux articulés.

ANNÉLIDES.

Cette classe renferme les *vers*, dont le caractère principal est un sang rouge et l'absence complète de membres *arti-*

culés; car on ne peut donner ce nom aux petites *pattes* armées de soies roides et mobiles, espèces de tubercules charnus qui existent quelquefois à chaque anneau de quelques *vers.*

Le ver est donc généralement et absolument un animal *nu à sang rouge*, ce qui le distingue de tous les autres articulés.

Les vers vivent ordinairement dans l'eau et respirent au moyen de branchies; pour ceux qui vivent sur terre, la respiration a lieu par des *trachées*, espèces de vaisseaux aériens. Quand l'animal manque d'organes spéciaux, la respiration est *cutanée*, c'est-à-dire qu'elle se fait à travers la peau.

Les *vers de terre*, si communs dans nos jardins, et la *sangsue*, sont dans ce dernier cas.

Les vers de terre ont la faculté de se multiplier par la simple division de leur corps.

3e classe des animaux articulés.

INSECTES.

Nous sommes arrivés à une des classes les plus intéressantes du règne animal.

Conformés ordinairement pour le vol, les insectes, outre les ailes dont nous parlerons tout à l'heure, sont pourvus de pieds articulés au nombre de six, et de deux antennes. Leur corps se compose de trois parties bien distinctes : la *tête*, — le *thorax*—et l'*abdomen*. Ce corps est renfermé dans une peau tantôt dure et tantôt souple, qui forme une série plus ou moins considérable d'anneaux et remplit les fonctions de squelette extérieur.

La *tête* n'est pas subdivisée en anneaux, et porte deux *yeux*, une *bouche* et deux *antennes* dont la forme varie beaucoup.

Le *thorax*, ou partie moyenne du corps, s'appelle aussi *corselet*. Il se compose d'anneaux portant chacun une paire de pattes, trois paires au moins.

L'*abdomen* est distinct du corselet et ne porte pas de membre. Cependant, chez les insectes qui n'ont pas d'ailes et qui sont munis d'une grande quantité de pattes, le ventre se confond avec le *thorax* et porte comme lui deux membres.

Les ailes sont en général des membranes formées de deux feuilles superposées, minces, et réunies entre elles par des lignes cornées, nommées *nervures*. Ces ailes sont tantôt transparentes (comme chez les *mouches*), tantôt cornées et opaques (comme chez les *scarabées*); d'autres fois, elles sont couvertes d'une poussière diversement colorée (comme chez les *papillons*).

La bouche varie considérablement dans sa forme et son organisation : chez les uns, comme la *jardinière*, elle est propre à déchirer les aliments; chez d'autres, elle a la forme d'un aiguillon; chez d'autres enfin, elle est roulée en spirale et constitue une véritable trompe, exemple les *papillons*.

Les insectes respirent par des *trachées*. Ce sont de petits tubes placés dans l'intérieur du corps et répandus dans tous les organes; ils s'ouvrent à l'extérieur par deux fentes, appelées *stigmates*, situées à droite et à gauche du corselet.

Lorsque l'insecte sort de l'œuf, il a rarement la forme qu'il doit conserver. Il subit au contraire diverses *métamorphoses : larve* quand il sort de l'œuf, il devient *nymphe*, puis *papillon*.

Mais ces règles ne sont pas générales; aussi on divise ces changements en *métamorphoses ébauchées, — demi-métamorphoses — et métamorphoses complètes.*

Les animaux appartenant à la première catégorie acquièrent un plus grand nombre de pattes, mais restent toujours privés d'ailes; ces pattes s'élèvent au nombre de 24 paires au moins et souvent plus, exemple les *myriapodes*.

Chez les insectes à demi métamorphosés, la larve en naissant ne diffère de ce qu'elle doit être qu'en ce qu'elle est privée d'ailes.

Enfin, les papillons comprennent les insectes à métamorphose complète. La larve est appelée *chenille* et a des pattes à chaque anneau ; mais ces pattes ne sont que provisoires : la chenille, à l'état de *nymphe*, ne les possède plus. Avant de se transformer en nymphe, la chenille ou larve se prépare un abri et se retire dans une coque qu'elle fabrique elle-même : c'est le *cocon* d'où elle sort *papillon*.

Le nombre des insectes est immense, puisqu'il dépasse le chiffre énorme de 60,000 espèces ; pour les étudier, il a fallu établir de nombreuses divisions et subdivisions. L'absence ou la présence des ailes a fait diviser les insectes en trois groupes : — les insectes *tétraptères*, — les insectes *diptères* — et les insectes *aptères*.

La disposition et les modifications des différentes pièces qui composent la bouche ont permis de subdiviser ces trois groupes en douze ordres indiqués dans le tableau ci-dessous :

1° — TÉTRAPTÈRES.	Coléoptères.
	Hémiptères.
	Orthoptères.
	Hyménoptères.
	Névroptères.
	Lépidoptères.
2° — DIPTÈRES....	Rhipiptères.
	Diptères.
3° — APTÈRES.....	Thysanoures.
	Cystaptères.
	Parasites.
	Suceurs.

Nous allons décrire quelques-unes des plus remarquables familles de la grande classe des insectes, et en particulier l'ordre des coléoptères qui offre le plus d'intérêt.

1er ordre des tétraptères.

COLÉOPTÈRES.

Ce nom signifie *ailes à étui ;* et, en effet, tous les insectes coléoptères ont les ailes supérieures dures et coriaces sous lesquelles les véritables ailes sont renfermées comme dans un étui. Les ailes dures se nomment *élytres* et servent aussi à l'insecte pour voler, puisque quelques coléoptères n'ont pas d'ailes sous les *élytres*.

Les insectes coléoptères se divisent en quatre sections : celle des *pentamères* qui se subdivise en huit familles ; celle des *hétéromères*, en quatre familles ; celle des *tétramères*, en sept familles, et celle des *trimères* en trois familles.

1re *section.* — COLÉOPTÈRES PENTAMÈRES.

1° — FAMILLE DES CARNASSIERS.

Ces coléoptères font la chasse aux autres insectes, et sont très-voraces à l'état de larves aussi bien qu'après leur métamorphose. Les uns sont terrestres, les autres aquatiques. Parmi ceux qui habitent la terre, les mieux organisés pour la guerre et pour la course sont les *cicindèles,* que Linné appelle de petits tigres ailés, à cause de la férocité de leurs mœurs. Ce genre d'insectes renferme des espèces très-nombreuses, et dont la plupart sont exotiques.

Nous citerons :

La *cicindèle hybride*, qui a près de deux centimètres de lon-

gueur ; ses élytres sont cuivreuses, avec une bande blanche et deux taches de la même couleur en croissant. Ses larves vivent dans la terre, où elles se creusent des trous cylindriques de 40 à 50 centimètres de profondeur. Ces trous ne sont pas seulement un abri pour les jeunes coléoptères ; ils leur servent auss à se cacher pour tendre des piéges aux insectes dont ils se nourrissent. Ils se tiennent en embuscade à l'ouverture de

cette trappe, que bouche exactement leur tête, et lorsque
l'insecte inexpérimenté, qui croit marcher sur la terre ferme,

passe sur ce pont perfide, il se sent tout à coup saisi par deux
mandibules terribles, et entraîné au fond d'un précipice, où
il est bientôt dévoré.

Le *carabe*, qui diffère peu des cicindèles. Ses mâchoires
se terminent en pointe ou en crochet; il a généralement
la tête plus étroite que le corselet, les mandibules légère-
ment dentelées, quelques individus de ce genre n'ont
que des élytres et sont privés d'ailes membraneuses. Le
carabe bleu est de ce nombre. Ce joli insecte a le corps
ovale, un peu aplati et bleu en dessus; le corselet, en forme
de cœur, est violet sur les bords et noir en dessous, ainsi que
la tête et le reste du corps. Le *carabe doré* a des élytres

d'un vert doré, avec une bordure d'un brun cuivreux ; on le

Carabe bleu.

nomme vulgairement le *jardinier*, parce qu'il habite les jardins et qu'il détruit beaucoup d'insectes.

Le *carabe inquisiteur*, est une variété du genre précédent. Il a la même forme et les mêmes mœurs, mais il en diffère par

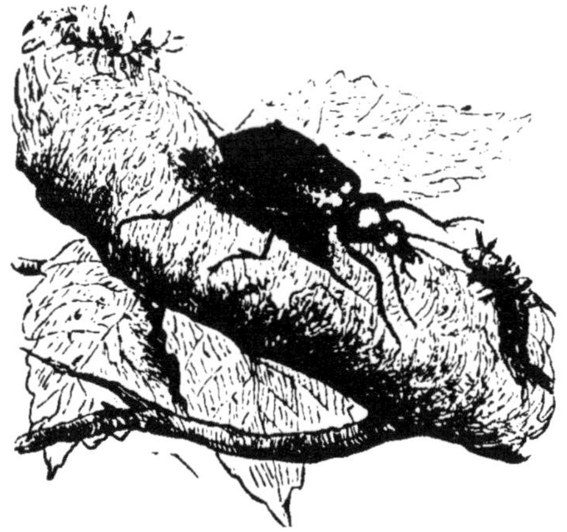

la couleur, qui est celle du *bronze antique;* ses antennes et ses pattes sont noires, ses élytres d'un noir verdâtre, striées d'or. Cette espèce se trouve moins communément aux environs de Paris que le *carabe sycophante*. La larve de ce dernier est très-vorace, elle s'introduit dans le nid des chenilles processionnaires et en dévore une grande quantité.

Le *carabe pétard*, ainsi nommé à cause du bruit qu'il fait entendre quand il est attaqué ; il projette alors une liqueur

Carabes pétards.

corrosive. Cette espèce habite les Pyrénées-Orientales et le midi de l'Europe. Les ennemis des carabes sont les oiseaux nsectivores, et même leurs congénères de grande taille.

Le *carabe pistolet*, long d'un centimètre. On le trouve aux environs de Paris. En soulevant une pierre posée sur le gazon, il est rare qu'on ne trouve pas une famille de *pistolets*, qui à l'instant même font entendre la fusillade à l'aide de laquelle ils espèrent conjurer le danger.

Le *scarite géant*, insecte long d'environ trois centimètres ; son corps est noir, luisant, aplati ; ses élytres sont lisses, ses mandibules grandes et creusées d'un sillon.

. Il vit dans les régions sablonneuses des pays chauds, et se creuse des demeures souterraines.

Le *dytique bordé*, dont le corps long de plus de 27 millimètres, est noir en dessus, d'un brun jaunâtre en dessous, sur les bords du corselet et des élytres ; son front présente

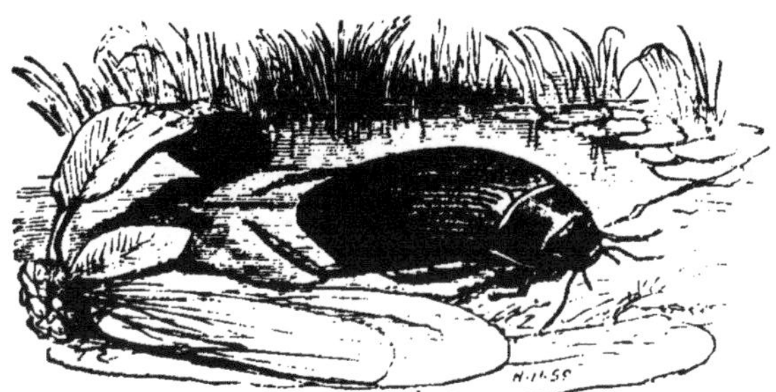

Dytique bordé (femelle).

une tache jaune en forme de V renversé. Cet insecte se trouve communément aux environs de Paris.

Les larves du dytique ont le corps long et étroit, deux petites antennes, six yeux lisses rapprochés et six pieds velus ; elles vivent dans l'eau des lacs et des marais, d'où elles sortent pour se métamorphoser en nymphes, et où elles retournent après leur dernière transformation. Alors, l'insecte ne quitte plus l'élément où il est né que pour venir à terre, le soir, chasser les moucherons dont il se nourrit.

Le *gyrin nageur*, insecte aquatique long de cinq millimètres, ovale, luisant, noir bronzé en dessus, noir en dessous, avec les pattes fauves. Les gyrins vivent en troupe à la surface des eaux dormantes, où ils nagent avec agilité, en faisant dans tous les sens des pirouettes, des tours et des détours. Ces allures leur ont valu le nom de *puces aquatiques*, ou *tourniquets*.

2° — FAMILLE DES BRACHÉLYTRES.

Les brachélytres, dont le nom signifie *étui court*, ont, en effet, des élytres qui ne recouvrent pas l'abdomen; celui-ci se confond avec le corselet et porte, vers son extrémité, deux vésicules coniques et velues d'où s'échappe une liqueur subtile et odorante. Ces insectes habitent, pour la plupart, sous les pierres, dans la terre et le fumier; d'autres vivent dans les champignons, les plaies des arbres, les plantes aquatiques. On en rencontre de très-petits sur les fleurs.

Le *staphylin bourdon* est la plus belle et l'une des plus nombreuses espèces de brachélytres. Il est long de deux centimètres, noir, très-velu, avec le dessus de la tête, du corselet et

les derniers anneaux de l'abdomen d'un jaune doré et lustré; ses élytres sont d'un gris cendré, avec la base noire; le dessus de son corps est d'un noir bleuâtre.

Le *staphylin odorant* se rencontre partout, sous les pierres; les deux vésicules de son abdomen répandent une odeur agréable, qui rappelle celle des pommes de reinette. Dans quelques pays, les enfants le nomment *le Diable*, à cause de sa couleur noire et de ses larges mandibules, qui ressemblent à des cornes.

Cet insecte relève l'extrémité du ventre quand on le touche, cependant il ne pique pas, mais il mord avec ses

fortes mâchoires; il se nourrit de larves, de petits insectes et même de ses congénères.

3° — FAMILLE DES STERNOXES.

Chez les coléoptères de cette tribu, les élytres recouvrent l'abdomen; les antennes sont dentées en scie ou en peigne; la tête est engagée verticalement jusqu'aux yeux dans le corselet; les pieds se ramassent promptement sous le corps, qui est de forme ovale.

Nommons :

Le *bupreste*, dont le genre comprend trois ou quatre variétés de sternoxes; ces insectes sont connus vulgairement sous le nom

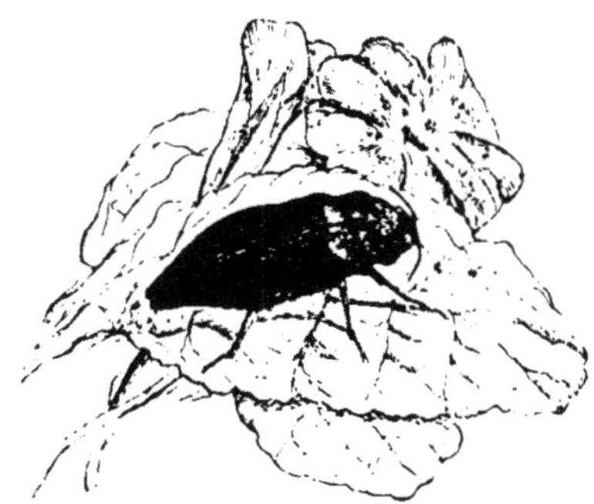

de *richard*, qu'ils doivent à la beauté de leurs élytres, ou

brillent les plus vives couleurs. Le bupreste marche lente-
ment, mais son vol est rapide. Quand on le saisit, il fait le
mort et se laisse tomber par terre. Il dépose ses œufs dans le
bois sec. Les espèces de petite taille habitent les fleurs et les
feuilles.

Le *bupreste géant*, qui se trouve à la Guyane.

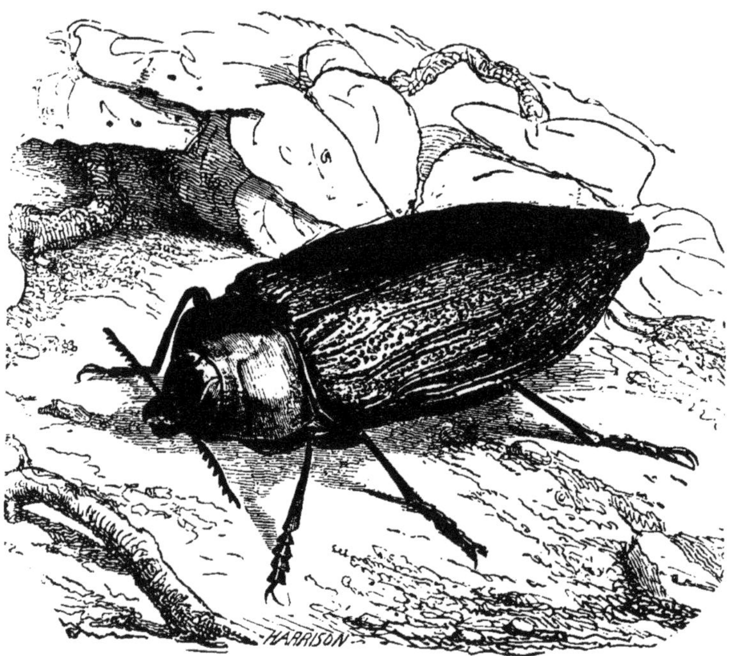

La famille des sternoxes comprend encore le genre des
taupins qui ne diffère de celui des buprestes que par la conformation du *sternum*. La disposition de cette partie du corps
donne aux taupins la faculté de se relever en sautant, lorsqu'ils
sont placés sur le dos; ils accomplissent cet exercice acroba-
tique avec beaucoup de prestesse et d'agilité; s'élançant per-
pendiculairement en l'air, ils y font plusieurs pirouettes et
retombent sur leurs pattes. Ces insectes vivent sur les fleurs,
sur les plantes, sur le gazon; ils baissent la tête en marchant,
et au plus léger bruit ils font le mort, en appliquant leurs

pieds contre le dessous de leurs corps. Parmi les espèces indigènes, on remarque le *taupin pectinicorne*, qui a des

antennes à dents de peigne et des élytres striées et pointillées.

Le *taupin strié* est une grande espèce originaire de Cayenne.

Une des espèces les plus curieuses est celle du *taupin cucujo*, qui se trouve dans l'Amérique méridionale ; les taches du corselet de cet insecte répandent la nuit une lumière très-vive.

4° — Famille des malacodermes.

Cette famille comprend cinq grands genres : les *cébrions*,— les *lampyres*, — les *mélyres*, —les *clairons* — et les *ptines*.

Les *cébrions* sont très-communs dans le midi de la France, où on les trouve en quantité après les pluies d'orage.

Le *lampyre splendide,* vulgairement nommée *ver luisant,* possède la propriété phosphorescente dont jouissent aussi plusieurs espèces de la même tribu. A l'aide d'un appareil situé au-dessus des trois derniers anneaux de son abdomen et qu'elle fait mouvoir à volonté, la femelle du *lampyre splen-*

dide produit cette lumière verdâtre qu'on voit dans les nuits d'été, s'agiter dans les buissons, au bord des ruisseaux. Ce

Lampyre mâle et femelle.

lampyre est très-commun en Europe. Il a le corps brun en dessus, jaunâtre en dessous. Le mâle seul a des élytres et des ailes.

Les *clairons* ont les mandibules dentées, les antennes tantôt presque filiformes, tantôt terminées en massue. Ils vivent, pour la plupart, sur le tronc des vieux arbres ou sur le bois sec.

Le *clairon des abeilles* est une espèce ornée de couleurs

brillantes. Sa taille est d'un centimètre environ ; il est bleu, avec des élytres rouges, rayées de trois bandes bleues. On le trouve en Europe, sur les fleurs, dont il extrait le pollen avec ses mâchoires terminées en houppe. La larve de cet insecte, dont les mœurs sont très-pacifiques, est au contraire vorace et carnassière. Elle fait une guerre impitoyable aux ruches de nos abeilles domestiques, dont elle dévore les larves.

Les *mélyres* vivent sur les feuilles et sur les fleurs ; ils ont des couleurs vives et agréables, et ressemblent beaucoup aux *cantharides*.

Les *ptines* sont de très-petits insectes, qui causent de grands dégâts dans les planchers, les meubles, les livres, les herbiers

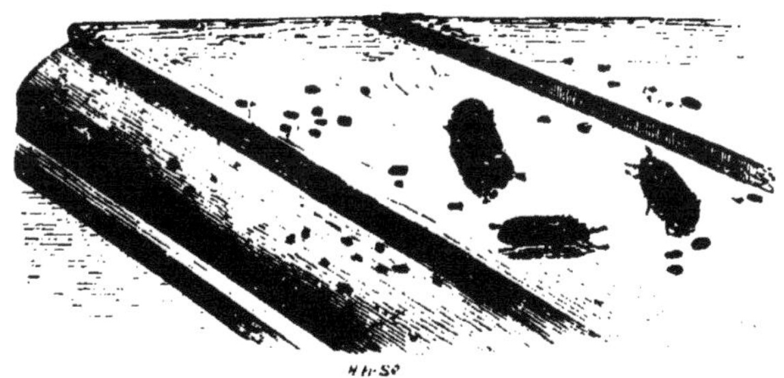

Ptine damier.

et les collections zoologiques ; ce sont eux qui font entendre la nuit, dans les appartements, le bruit singulier que l'on a comparé au battement d'une montre, et que le peuple a nommé l'*horloge de la mort*.

5° — Famille des clavicornes.

Cette famille ne diffère de la précédente que par ses antennes, qui vont en s'évasant vers le bout sous forme de massue. Elle offre plusieurs genres intéressants : les *escarbots*, — les *boucliers*, — les *dermestes*, etc.

Les *escarbots* se nourrissent de matières animales corrompues ; on les trouve dans les fumiers, dans les arbres pourris. Ils sont d'une couleur noire brillante. La tête est enfoncée dans le corselet, les élytres tronquées, le corps est dur et court.

L'un des individus les plus grands de ce genre est l'*escarbot à quatre taches*, qu'on rencontre souvent sur le corps des taupes et des mulots morts.

La tribu des *boucliers* est très-nombreuse, elle habite les

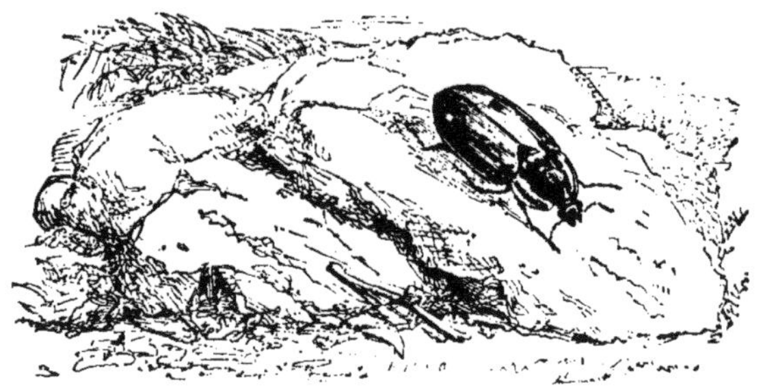

Bouclier à quatre points.

branches des jeunes chênes, où elle se nourrit de chenilles; mais l'espèce la plus remarquable est celle des *nécrophores*

fossoyeurs, qui doivent leur nom à l'instinct qui leur fait enterrer les cadavres des taupes, des souris et autres petits quadrupèdes, pour y déposer leurs œufs et assurer par là une nourriture abondante aux larves qui en sortiront.

Quand ces animaux se sont retirés, arrive souvent une grande espèce, le *nécrophore germanique*, qui dépose ses œufs près des leurs, et profite de leurs travaux.

Dans la famille des clavicornes se trouvent encore : le *dermeste des pelleteries* dont le corps est noir avec trois points blancs sur le corselet ; — l'*anthrène à broderie*, long de deux millimètres, qui vit sur les fleurs et pénètre, en volant, dans les maisons où il cause de grands dommages.

6° — Famille des palpicornes.

Cette famille, que caractérisent des antennes très-courtes, perfoliées et insérées sur les côtés de la tête, comprend deux genres : l'un dont les pattes sont disposées pour la natation, l'autre où elles sont propres à la marche. De là les *hydrophiles* et les *sphéridies*.

Les *hydrophiles* sont ainsi nommés, parce qu'ils habitent les marais et les étangs.

L'hydrophile brun est un des plus gros coléoptères de l'Europe. Il est long de trois à quatre centimètres, d'un brun noir,

brillant comme du vernis, avec des élytres striées et arrondies à l'extrémité postérieure. Cet insecte peut vivre longtemps sous l'eau, mais il a besoin de respirer l'air par intervalles. La femelle dépose ses œufs dans une espèce de berceau rempli d'air et qui flotte sur l'eau. Les œufs sont maintenus par une sorte de duvet, et la nacelle est lestée de manière à pouvoir défier le vent et l'agitation de l'eau. Les larves ressemblent à des vers longs, aplatis et noirâtres; elles ont six pattes, des mandibules fortes et crochues, et se nourrissent d'autres insectes aquatiques.

Les *sphéridies* sont des palpicornes terrestres qui tirent leur nom de la forme arrondie de leur corps; ils habitent les fientes et les fumiers. Nous citerons le *sphéridie à quatre taches.*

7° — FAMILLE DES LAMELLICORNES.

Le *hanneton* est le type de cette belle famille qui a pour

caractères distinctifs des antennes toujours courtes, insérées dans une fossette profonde, sous les bords latéraux de la tête ;

Hanneton foulon, mâle et femelle.

ces antennes, composées de neuf ou dix articles, se terminent en une massue, formée par les trois derniers articles, qui s'élargissent en lames. Il n'y a pas d'animaux carnassiers dans cette famille.

On partage les lamellicornes en deux grands genres : les *scarabées* — et les *lucanes*. Les premiers ont les lames de leurs antennes feuilletées ou en éventail, ou emboîtées les unes dans les autres ; les seconds les ont disposées en dents de peigne.

Citons :

Le *bousier lunaire*, qui habite les immondices.

L'*onthophage à nuque épineuse*, qui fait sa résidence dans des bouses de vache.

L'*ateuchus sacré*, insecte qu'on trouve en Europe, en Afrique, et surtout en Égypte, et auquel les habitants de ce dernier pays, rendaient autrefois un culte superstitieux.

L'ateuchus pilulaire, qui habite les bouses et les fumiers.

Scarabées pilulaires roulant leur boule.

Les individus de cette espèce placent leurs œufs dans une boule de fiente, puis ils se réunissent plusieurs, et la font rouler avec leurs pieds de derrière, jusqu'à ce qu'ils aient trouvé un trou propre à la recevoir.

Le *scarabée nasicorne* est une espèce très-commune en Europe, où elle vit, ainsi que sa larve, dans le terreau, les couches de jardin et le bois vermoulu. Cet insecte est long de trois centimètres, d'un brun marron luisant, avec des élytres

lisses. Une corne conique tronquée en arrière arme sa tête. Vers le milieu de l'été, la femelle s'enfonce en creusant dans la terre, où elle dépose des œufs d'un jaune clair et de forme oblongue. Après six semaines, il éclôt de chaque œuf un petit ver d'un jaune sale, dont la tête, d'un rouge vif et luisant, est parsemée de petits points. Ce ver met cinq ans à achever sa croissance. Au bout de ce terme, il s'enfonce profondément dans la terre, et s'y construit une loge de forme ovale, où il passe à l'état de nymphe. Après sa dernière transformation, il ne vit que peu de jours à l'air et à la lumière ; bientôt il rentre dans son obscurité pour y pondre ses œufs et mourir quand il a assuré la conservation de son espèce.

Le *géotrupe phalangiste* est un insecte très-commun dans

les terrains sablonneux du midi de la France.

Le *scarabée hercule* est un coléoptère de grande taille;
son corps a plus de treize centimètres de longueur. Il habite
l'Amérique méridionale.

Le *scarabée énéma*, se trouve aux Indes Orientales.

Le Scarabée énéma.

La *trichie rayée*, de la section des *mielliers*, habite les fleurs, dont elle suce le suc. Sa larve vit dans le bois pourri.

Triche rayée.

Le *mimas* vert doré habite l'Amérique méridionale.

Mimas.

Le genre *lucane*, qui forme la seconde tribu des lamellicornes, a la massue des antennes disposée en dents de
peigne ; ces antennes sont de dix articles, dont le premier est
beaucoup plus long que les autres : les mandibules sont toujours cornées. Le plus remarquable de tous les lucanes est le

cerf-volant. Cet insecte est commun dans les bois de chênes et dans les forêts sombres et peu fréquentées (*lucus*) d'où il tire son nom. Le mâle est long de cinq centimètres, noir, avec

des élytres brunes. Ses mandibules sont très-grandes, arquées et dentées. Sa femelle, désignée sous le nom de *biche*, est beaucoup plus petite et a des mandibules très-courtes.

Le *lucane chevreuil* est une espèce plus petite, connue en Allemagne sous le nom d'*incendiaire*.

Le *lucane faux carabe*, appelé vulgairement *chevrette bleue*, est un joli insecte qui vit dans le bois pourri.

8° — FAMILLE DES LIME-BOIS.

Cette famille est très-restreinte et n'offre aucune espèce remarquable ; elle doit son nom à la manière dont les larves des insectes qui la composent perforent le bois dans lequel elles vivent.

2e *section*. — COLÉOPTÈRES HÉTÉROMÈRES.

La seconde section des coléoptères est celle des *hétéro-mères*, caractérisée par l'existence de quatre articles aux deux tarses postérieurs, et de cinq aux tarses de la première et de la seconde paire. Tous les insectes de cette section qui se nourrissent de substances végétales, se subdivisent en quatre familles : les *mélasomes*, — les *taxicornes*, — les *sténélytres*. — et les *trachélides*.

1° — FAMILLE DES MÉLASOMES.

Cette famille, ainsi nommée à cause de la couleur noire ou cendrée des insectes qu'elle renferme et de leur amour pour les ténèbres, se compose de trois genres : les *pimélies*, — les *blaps* — et les *ténébrions*.

Les *pimélies* sont toujours aptères, c'est-à-dire privées d'ailes membraneuses ; leurs élytres se replient sous l'abdomen. Nous n'en citerons qu'une espèce, la *pimélie pointillée*, qui se trouve dans le midi de l'Europe. Elle a le corps luisant, les élytres couvertes de granulations, le corselet ridé sur ses bords latéraux.

Les *blaps* sont aussi privés d'ailes ; leur corps est ob'ong, leur corselet presque carré ; leurs élytres se prolongent en forme de queue.

Le *blaps porte-malheur* habite les lieux sombres et malpropres, et les habitants des campagnes regardent sa rencontre comme un présage de mort.

Les *ténébrions* sont pourvus d'ailes ; ils ont le corps étroit et allongé, et le corselet presque carré.

Le *ténébrion meunière* habite les lieux obscurs et humides. Sa larve est longue de 27 millimètres, d'un jaune d'ocre, écailleuse et lisse ; son corps est divisé en douze anneaux, sa tête porte deux petites antennes. Ces larves, plus connues sous le nom de *vers de farine*, fournissent une nourriture délicate aux rossignols élevés en cage.

2° — FAMILLE DES TAXICORNES.

Les *taxicornes* ont des antennes perfoliées qui ressemblent à des ifs taillés. Tous sont ailés ; leur corps est ordinairement carré, leur corselet cache ou reçoit la tête ; ils vivent pour la plupart sous les écorces des arbres, dans les champignons et sous les pierres.

3º — Famille des Sténélytres.

Cette famille se distingue de la précédente par ses antennes, qui sont filiformes, et par le rétrécissement des élytres qui lui a valu son nom. Ses mœurs sont peu connues.

Nous citerons l'*hélops bronzé* — et l'*œdémère bleue*.

4º — Famille des Trachélides.

Les coléoptères qui forment ce groupe se distinguent de tous les autres par leur tête, qui est triangulaire ou en cœur, et portée sur un col. Leur corps est mou, leurs élytres sont flexibles. Ils vivent sur des végétaux, dont ils dévorent les feuilles et sucent la séve.

La *pyrochre écarlate*, nommée aussi la *cardinale*, est un bel insecte de douze millimètres de long sur six de large.

Le *méloé de mai* est d'un noir foncé, uni, avec les bords supérieurs des anneaux de l'abdomen rouges ou jaunes. Ses élytres sont courtes, les ailes membraneuses lui manquent.

La *cantharide vésicante*, nommée vulgairement *mouche d'Espagne*, est un méloé. Elle est d'un vert doré avec de longues antennes noires. Elle habite les climats chauds et se tient de préférence sur le frène, le lilas et la plupart des jasminées.

3ᵉ *section*. — Coléoptères tétramères.

La troisième section des coléoptères, celle des *tétramères*, est caractérisée par quatre articles à tous les tarses. Elle a été divisée en sept familles : les *rynchophores*, — les *xylophages*, — les *platysomes*, — les *longicornes*, — les *eupodes*, — les *clavipalpes* — et les *cycliques*.

1º — Famille des Rynchophores.

La *bruche à large bec* est le plus beau type de cette famille, qui se distingue par une espèce de museau ou de trompe formée par un prolongement de la partie antérieure de la tête : de là le nom de *rynchophores*, qui signifie *porte-bec*. Ce sont les *bruches* qui font les trous qu'on voit souvent aux graines des lentilles, des pois et autres légumes.

Les *attelabes* rongent les feuilles des végétaux. L'*attelabe Bacchus*, connu aussi sous le nom de *bêche*, de *lisette*, cause de grands dommages aux agriculteurs. Il se montre dans le mois de juin et s'attache surtout aux feuilles de vigne.

Les *charançons* diffèrent des espèces précédentes par la forme de leurs antennes, qui sont coudées très-distinctement et insérées près du bout de la trompe.

Le *charançon impérial* est un magnifique insecte de l'Amérique méridionale. Le *charançon colon* est une espèce très-commune en France et très-redoutée dans les campagnes, où elle fait de grands dégâts, surtout dans les champs de blé et d'autres céréales.

Les *calandres* ont des antennes de neuf articles, dont l'extrémité, terminée en massue, est spongieuse. La *calandre palmiste* a cinq centimètres et plus de longueur, en y comprenant la trompe. Cet insecte habite l'Amérique méridionale. Les indigènes mangent sa larve cuite sur la braise. La *calandre du blé* habite les greniers et dépose ses œufs dans les grains de blé. La larve qui en sort dévore toute la farine du grain et ne laisse que l'écorce.

2° — FAMILLE DES XYLOPHAGES.

Les *xylophages*, ou *ronge-bois*, forment un petit groupe d'insectes qui n'ont pas de prolongement en forme de bec ; ils vivent pour la plupart dans le bois, que leurs larves perforent dans tous les sens.

Les *mycétophages* et les *sylvains* appartiennent à cette famille.

3° — FAMILLE DES LONGICORNES.

Les insectes qui composent cette famille ont la tête enfoncée dans le corselet, les yeux échancrés et des antennes ordinairement aussi longues et souvent plus longues que le corps.

Ils se divisent en plusieurs tribus, dont les plus remarquables sont celles des *capricornes* — et des *leptures*.

Le *capricorne aux croissants dorés* habite les régions tempérées de l'Europe.

La *lepture mordante* est un insecte très-méchant et très-agile, qui abonde dans le nord de la France. Il est gris, avec des élytres nébuleuses, traversées de deux bandes brunâtres peu apparentes. Son corselet est épineux, sa tête se prolonge en arrière.

4° — FAMILLE DES EUPODES.

Chez les coléoptères de cette famille, le corps est oblong, l'abdomen très-développé, tous les articles des tarses sont garnis de pelotes, et les cuisses de la troisième paire très-renflées ; de là le nom d'*eupodes*, qui signifie *belles pattes*. Ces insectes vivent sur les tiges et les feuilles de plusieurs arbustes et plantes terrestres ou aquatiques.

On les distingue en deux genres : les *sagres* — et les *criocères*.

Les *sagres* ont des mandibules terminées en pointe aiguë. Tous sont exotiques, de couleur verte dorée ou cramoisie.

Les *criocères* diffèrent des sagres par des mandibules tronquées et dentées. L'espèce la plus intéressante est celle qui se trouve sur le lis blanc. Cet insecte, appelé *criocère du lis*, est long de six millimètres, avec le corselet et les élytres d'un beau rouge. Il fait entendre un petit cri qui est produit par le frottement du col contre les parois antérieures du corselet.

5° — FAMILLE DES PLATYSOMES.

Les insectes de cette famille, dont le nom signifie *corps plat*, vivent sous l'écorce des arbres. L'espèce la plus connue est le *cucuje déprimé*, qu'on trouve en Europe ; il est de couleur rouge, avec les pattes et le dessous du corps noirs.

6° — FAMILLE DES CYCLIQUES.

Les coléoptères qui forment cette famille nombreuse en espèces, ont le corps presque toujours arrondi (de là le nom de *cycliques*). Ils sont de petite taille et leur corps, ras et sans poils, offre ordinairement les couleurs métalliques les plus vives. Leurs larves vivent de feuilles.

Cette famille se divise en cinq genres : les *hispes*, — les *cassides*, — les *gribouris*, — les *chrysomèles* — et les *galéruques*.

La *casside bossue* est noire ; son corselet présente en avant une petite échancrure arrondie et arrondie. Cet insecte habite le Brésil. L'espèce la plus connue en Europe est la *casside verte*.

Le *gribouri a cornes pectinées* est une jolie espèce de la France méridionale, où elle vit sur les chardons et sur le saule. Le *gribouri de la vigne* est noir avec des élytres d'un rouge sanguin.

La *chrysomè'e du peuplier* est d'un bleu verdâtre avec des élytres fauves, marquées d'un point noir à leur extrémité.

7° — FAMILLE DES CLAVIPALPES.

Les insectes de cette famille ont les articles des tarses garnis d'espèces de brosses; leurs antennes sont terminées par une massue très-distincte et perfoliée. Leur corps est d'ordinaire arrondi et très-bombé en dessus. Nous ne nommerons dans cette famille que le genre *érotyle*.

4e section. — COLÉOPTÈRES TRIMÈRES.

Dans la quatrième section des coléoptères, celle des *trimères*, dont tous les tarses ont trois articles, nous citerons seulement une famille, à cause du peu d'intérêt que présentent les autres : c'est la famille des *aphidiphages*, qui se compose uniquement du genre *coccinelle*.

Les *coccinelles* ont le corps presque hémisphérique et l'avant-dernier article des tarses divisé en deux lobes. Ces insectes, remarquables par l'éclat de leurs couleurs, la vivacité de leurs mouvements et leur apparition précoce qui en fait comme les messagers du printemps, sont connus de tout le monde sous le nom populaire de *bêtes du bon Dieu*. Ils se nourrissent de pucerons, comme l'indique leur nom (*aphidiphages*), et sont très-carnassiers, au point de se dévorer entre eux. Pour se transformer en nymphes, les larves s'attachent sur les feuilles avec une liqueur gluante, que sécrète une glande placée au bout de leur abdomen, et forment une espèce de nid dans lequel elles restent engagées par le bas du corps.

La *coccinelle à sept points* est la plus belle espèce de cette famille. Elle habite principalement les feuilles du tilleul.

Les deux autres familles de cette section sont : les *fongicoles*, où nous trouvons l'*endomyque écarlate* — et les *psélaphiens*, dont fait partie le *psélaphe sanguin* aux élytres d'un rouge de sang, qu'on rencontre dans les environs de Paris.

2ᵉ ordre des tétraptères.

HÉMIPTÈRES ou DEMI AILÉS.

Les élytres de ces insectes, demi-coriaces, sont presque des ailes propres au vol comme celles qu'elles recouvrent. Leur bouche est terminée par une trompe recourbée sous le thorax. Ce sont des animaux à *métamorphose ébauchée* et à *demi-métamorphose*.

La *cigale*, le *chernie*, la *nèpe*, la *punaise*, le *fulgore* ou *porte-lanterne*, et la *cochenille* sont des hémiptères, nom qui signifie demi-ailés. Les élytres cachent la moitié de leurs ailes.

3ᵉ ordre des tétraptères.

ORTHOPTÈRES.

Ce sont des insectes à demi-métamorphose. Leurs étuis sont mous et leurs ailes plissées longitudinalement. Leur bouche n'a point de trompe et est munie de fortes mâchoires.

La *blatte*, commensal assidu des cuisines et des boulangeries, le *grillon*, à qui le frottement de ses ailes l'une contre l'autre a fait donner le nom de *cri-cri*, — la *sauterelle*, — le *criquet*, — la *mante religieuse*, que les paysans du Midi appellent *préga-Diou* (prie-Dieu), — le *grillon-taupe* ou *courtilière*, — et le *forficule* ou *perce-oreille*, sont les principales espèces de l'ordre des orthoptères, dont le nom signifie à *ailes droites*.

4ᵉ ordre des tétraptères.

HYMÉNOPTÈRES.

Les insectes de cet ordre ont quatre ailes transparentes d'inégale grandeur ; les deux ailes inférieures sont constamment plus courtes et plus petites : les unes et les autres sont sensiblement *nervées* longitudinalement, mais les nervures transversales sont bien moins marquées. Quelques-uns de ces insectes ont une trompe, d'autres un aiguillon fort et pointu, caché sous le ventre. Les *fourmis*, — les *guêpes*, — et les *abeilles* appartiennent à cet ordre.

On trouve, dans les hyménoptères, quelques espèces qui n'ont pas d'ailes. Ces insectes sont à demi-métamorphose.

5ᵉ ordre des tétraptères.

NÉVROPTÈRES.

Les quatre ailes de ces insectes sont nues, transparentes, égales, et les nervures du réseau qui les soutiennent sont croisées. C'est à ces nervures que cet ordre doit son nom.

Leur bouche est armée de fortes mâchoires.

Les *libellules*, vulgairement appelées *demoiselles;* — le *fourmi-lion*, ainsi nommé par la chasse terrible que sa larve fait aux fourmis; — l'*éphémère*, dont la vie ne dure qu'un jour; — le *panorpe* ou *mouche-scorpion*—et le *termite*, un des insectes les plus destructeurs qu'on connaisse, et dont les mœurs en famille ressemblent beaucoup à celles des abeilles, sont de la famille des névroptères.

6ᵉ ordre des tétraptères.

LÉPIDOPTÈRES ou PAPILLONS.

Les insectes de cet ordre ont quatre ailes couvertes de petites écailles colorées, ce qui leur a valu le nom de *lépidoptères*. Ces écailles sont si fines qu'elles s'attachent au doigt comme une poussière farineuse. Ce sont elles qui forment ces belles couleurs dont les ailes des papillons sont émaillées; car si on les enlève, l'aile n'est plus qu'une membrane incolore comme les ailes d'une mouche.

La métamorphose est complète chez les papillons, ainsi que nous l'avons dit; le nombre de ces beaux insectes s'élève à plus de trois mille, et une collection complète d'un individu de chaque espèce formerait le plus riche et le plus brillant coup d'œil qu'il soit possible d'imaginer.

Nous allons nommer quelques-unes des principales espèces :

Le *paon du jour*, qui porte comme des yeux sur ses ailes;

— la *tortue*, dont les couleurs imitent celles de l'écaille ; — le *nacré*, qui a en effet des taches argentées, semblables à de la nacre ; — le *damier*, marqué comme un échiquier ; — l'*argus brun* et l'*argus bleu*, dont les ailes sont parsemées d'yeux ; — le *flambé*, couleur de feu, — et le *machaon*, qui sont des papillons *porte-queue* ; — les *sphinx*, parmi lesquels on remarque le sinistre *atropos* ; — les *phalènes* ou papillons de nuit, parmi lesquels nous citerons le *grand paon*, et surtout le *ver à soie*, dont le cocon est si précieux.

INSECTES DIPTÈRES.

Ces insectes n'ont que deux ailes au lieu de quatre, mais ces ailes sont accompagnées de petits filets appelés *balanciers*, terminés par un globule, et quelquefois couverts par une sorte d'aileron.

Le *taon*, — les *mouches*, — le *cousin* et tous les insectes qui se rapportent à la forme bien connue de ceux-ci, doivent être rangés dans ce groupe qui se subdivise en deux ordres : — les *rhipiptères* — et les *diptères*.

INSECTES APTÈRES.

Ces insectes sont ainsi nommés parce qu'ils n'ont point d'ailes ; c'est parmi eux que doivent être rangés certains insectes parasites qui vivent sur les animaux. Ce groupe se divise en quatre ordres : — les *thysanoures*, — les *cystaptères*, — les *parasites*, — et les *suceurs*.

Les *myriapodes*, forment le passage entre ces ordres et la classe des arachnides dont nous allons nous occuper.

Citons, parmi les myriapodes, les *scolopendres* et les *iules*.

4e classe des animaux articulés.

ARACHNIDES ou ARAIGNÉES.

Quatre paires de pattes *articulées*, point d'ailes ni d'antennes, un corps sombre recouvert d'une peau molle et velue, tels sont les caractères généraux de ces insectes d'un aspect peu agréable.

La respiration des arachnides est *trachéenne* ou *pulmonaire*; leur sang est blanc ou plutôt incolore. Ils possèdent de deux à huit yeux, dont la forme et la position varient beaucoup.

Animaux carnassiers, ils se nourrissent principalement d'insectes. Leur bouche est armée de deux mandibules à crochets mobiles, dont l'extrémité présente une petite ouverture, qui est l'orifice d'un canal communiquant avec une glande venimeuse.

Les araignées sont *fileuses* pour la plupart, c'est-à-dire qu'elles ont la faculté de tisser des espèces de fils de soie, en forme de filets tendus à leur proie, et au centre desquels elles se retirent.

Les flocons blancs et soyeux qui volent dans les airs en automne, et connus sous le nom de *fils de la Vierge*, sont produits par une espèce d'araignée, qui vit sur les arbres de haute futaie. Les principales *araignées* sont : la *fileuse*, — la *mygale*, — la *tarentule* — et le *scorpion*. Ce dernier possède au bout de l'abdomen un crochet aigu, communiquant avec une glande venimeuse, dont la piqûre, mortelle pour certains animaux, peut occasionner chez l'homme même de graves accidents.

Animaux parasites, les arachnides vivent sur le corps d'autres animaux; alors leur bouche est en forme de trompe ou de suçoir. Par exemple : la *mite* des mouches, — la *mite* du fromage, — le *lepte automnal* connu sous le nom de *rouget*, — le *sarcopte* de la gale.

3ᵉ GROUPE DES INVERTÉBRÉS.

ANIMAUX RAYONNÉS ou ZOOPHYTES.

Les *zoophytes* sont des animaux d'une organisation très variée, et dont le corps a généralement une forme globuleuse ou étoilée.

Plusieurs de ces êtres ressemblent au premier abord à une fleur, ce qui leur a valu le nom de *zoophytes* ou *animaux-plantes*.

On les divise en cinq ordres : les *échinodermes*, — les *vers intestinaux*, — les *acalèphes*, — les *polypes* — et les *infusoires*.

1° — Les ÉCHINODERMES sont des animaux dont la peau, généralement dure, est armée de pointes ou d'épines articulées. Un grand nombre de petits trous rangés symétriquement percent cette enveloppe, et de ces trous sortent de petits tentacules ou suçoirs mous et rétractiles, qui sont des organes de préhension et de mouvement, en même temps qu'ils servent à la nutrition.

L'*oursin* et l'*astérie* sont les principaux genres de cet ordre.

2° — Les VERS INTESTINAUX vivent dans le canal digestif et dans les viscères de l'homme et des autres animaux. Nous citerons comme exemples :

Le *ténia* ou ver solitaire, dont le corps est aplati horizontalement de manière à figurer un ruban ; — l'*ascaride*, qui ressemble à un ver de terre, — et les *hydatides*, qu'on rencontre dans l'épaisseur des organes de divers animaux.

3° — Les ACALÈPHES, ainsi que certaines plantes de la famille des algues forment la transition du règne animal au règne végétal, et, de même que les êtres qui composent l'ordre suivant, semblent être les premiers qu'on rencontre en passant d'un règne à l'autre.

La conformation de la *méduse* ressemble, en effet, beaucoup à celle des algues. Son corps est mou, flottant dans les eaux, et les tentacules qui pendent au-dessous de son *parasol* ne ressemblent pas mal à des racines.

4° Les POLYPES sont continuellement fixés au fond de la mer. Leur corps est mou, gélatineux et de forme conique. Leur bouche est entourée de tentacules nombreux. Ces êtres bizarres ont une simplicité d'organisation telle qu'on peut les retourner sur eux-mêmes, comme le doigt d'un gant, sans que l'animal périsse ; leur corps, coupé en morceaux, forme autant d'animaux distincts et complets.

Ils se reproduisent par bourgeons et se réunissent en grand nombre sur un support ramifié qu'ils sécrètent eux-mêmes. et qui est nommé *polypier*. Tels sont les *coraux*, les *éponges*.

Les coraux proviennent d'animalcules dont les travaux microscopiques, accumulés de siècle en siècle, arrivent à former quelquefois des îles habitables.

5° — LES INFUSOIRES sont des animaux qu'on ne peut le plus souvent apercevoir qu'à l'aide du microscope. Ils séjournent dans les eaux dormantes et corrompues. Ils jouissent de la singulière faculté d'être impunément desséchés et de revenir à la vie quand on les mouille de nouveau.

Les prétendus serpents et les vers qu'on aperçoit dans la colle de farine, dans le vinaigre, à l'aide d'un microscope et même sans microscope, sont des *infusoires*.

Tel est l'ensemble des animaux qui s'agitent à la surface du globe, à travers les régions de l'air, dans les eaux des fleuves ou dans les profondeurs de l'Océan.

Notre livre à la main, si l'on s'est bien pénétré des principes que nous avons posés, on peut aborder maintenant un traité plus complet de zoologie et se livrer avec fruit à l'étude si intéressante des espèces qui composent le règne animal.

Le peu que nous en avons décrit peut inspirer le désir d'en connaître davantage. Ce désir est sacré : il ne faut rien négliger pour le satisfaire. C'est toujours une noble et louable curiosité que celle qui nous conduit vers la science : on est sûr d'y trouver des plaisirs innocents, purs et tranquilles, et elle nous permet, par-dessus tout, de contempler les œuvres admirables du Dieu créateur, dont la puissance infinie a réglé toutes choses, depuis l'atome qui échappe à notre vue jusqu'au mouvement des sphères qui circulent dans l'immensité.

FIN.

TABLE DES MATIÈRES

Pages

Introduction...................... 7
Tableau du règne animal...... 10

ANIMAUX VERTÉBRÉS

Caractères généraux.......... 11

1re classe des Vertébrés.

MAMMIFÈRES.
Division des Mammifères...... 14
BIMANES...................... 15
QUADRUMANES................. 16
Famille des Singes............ 17
— Ouistitis........... 18
— Makis............ 19
CARNASSIERS.. 19
Les Cheiroptères. Insectivores.. 20
Les Carnivores............... 21
Tribu des Plantigrades........ 22
Tribu des Digitigrades........ 23
Les Amphibies............... 28
MARSUPIAUX.................. 29
RONGEURS.................... 29
Rongeurs claviculés... 30
Rongeurs sans clavicules...... 30
ÉDENTÉS..................... 31
PACHYDERMES................ 31
RUMINANTS 36
Cameliens. — Elaphiens...... 37
Cameleopardiens............. 38
Tauriens.................... 39
CÉTACÉS.................... 41

2e classe des Vertébrés.

OISEAUX.................... 43
RAPACES..................... 44
Oiseaux de proie diurnes....... 44
Oiseaux de proie nocturnes..... 48
PASSEREAUX.................. 53
Dentirostres.................. 53
Fissirostres.................. 59
Conirostres. — Ténuirostres.... 60
GRIMPEURS................... 66
GALLINACÉS.................. 69
ECHASSIERS.................. 73
PALMIPÈDES.................. 77
— plongeurs.......... 77
— marins............ 78
— totipalmés......... 78
— Lamellirostres..... 81

3e classe des Vertébrés.

REPTILES................... 83
Chéloniens ou Tortues........ 83
Sauriens ou Lézards.......... 85
Ophidiens ou Serpents........ 91
Batraciens ou Grenouilles...... 96

Pages

4e classe des Vertébrés.

POISSONS.................. 98
Acanthopterygiens........... 100
Malacopterygiens............ 101
Subbrachiens ou Pectoraux..... 102
Apodes...................... 102
Lophobranches. Plectognates... 103
Sturioniens. — Selaciens..... 104
Suceurs..................... 104

ANIMAUX INVERTÉBRÉS.

Caractères généraux.......... 105
MOLLUSQUES................. 106
Cephalés nus et à coquille..... 107
Acephalés................... 107
ANIMAUX ARTICULÉS......... 108
CRUSTACÉS................. 108
ANNÉLIDES................. 109
INSECTES................... 110
COLÉOPTÈRES............... 112
Coléoptères pentamères....... 113
Famille des Carnassiers....... 113
— Brachélytres...... 118
— Sternoxes......... 119
— Malacodermes...... 121
— Clavicornes........ 123
— Palpicornes........ 125
— Lamellicornes...... 126
— Lime-bois........ 132
Coléoptères héteromères.. 133
Famille des Métasomes........ 133
— Taxicornes......... 133
— Sténelytres 134
— Trachélides........ 134
Coléoptères tétramères....... 134
Famille des Rynchophores...... 134
— Xylophages........ 135
— Longicornes....... 135
— Eupodes.......... 136
— Platysomes........ 136
— Cycliques......... 136
— Clavipalpes....... 137
Coléoptères trimères.. 137
Famille des Aphidiphages...... 137
— Fongicoles........ 137
— Pselaphiens....... 137
HÉMIPTÈRES. — ORTHOPTÈRES.. 138
HYMÉNOPTÈRES.............. 138
NÉVROPTÈRES. — LÉPIDOPTÈRES. 139
INSECTES DIPTÈRES. — INSECTES
APTÈRES................ 140
ARACHNIDES................ 140
ZOOPHYTES................. 141
Echinodermes............... 142
Vers intestinaux............. 142
Acalèphes — Polypes........ 142
Infusoires.................. 143

PARIS. — IMPRIMERIE DE J. CLAYE, RUE SAINT-BENOÎT, 7.

www.ingramcontent.com/pod-product-compliance
Ingram Content Group UK Ltd.
Pitfield, Milton Keynes, MK11 3LW, UK
UKHW021624170726
13836UKWH00005B/2030